HOW TO
WIN FRIENDS
AND
INFLUENCE PEOPLE

人性的弱点

[美]戴尔·卡内基◎著
Dale Carnegie

胡晓姣 乔 迪 朱奕芸◎译

中信出版社·CHINA CITIC PRESS ·北京·

图书在版编目（CIP）数据

人性的弱点 /（美）卡内基著；胡晓姣，乔迪，朱奕芸译．—北京：中信出版社，2012.12（2026.1 重印）
书名原文：How to Win Friends and Influence People
ISBN 978-7-5086-3668-9
I. 人…　II. ① 卡…　② 胡…　③ 乔…　④ 朱…　III. 成功心理－通俗读物　IV. B848.4-49
中国版本图书馆 CIP 数据核字（2012）第 263605 号

人性的弱点

著　　者：[美] 戴尔·卡内基
译　　者：胡晓姣　乔　迪　朱奕芸
策划推广：中信出版社（China CITIC Press）
出版发行：中信出版集团股份有限公司（北京市朝阳区东三环北路 27 号嘉铭中心　邮编　100020）
（CITIC Publishing Group）
承 印 者：河北鹏润印刷有限公司

开　　本：880mm × 1230mm　1/32　　印　　张：8.25　　字　　数：203 千字
版　　次：2012 年 12 月第 1 版　　印　　次：2026 年 1 月第 89 次印刷
书　　号：ISBN 978-7-5086-3668-9 / F · 2769
定　　价：32.00 元

目录

HOW TO
WIN FRIENDS
AND INFLUENCE PEOPLE

修订版前言

HOW TO WIN FRIENDS AND INFLUENCE PEOPLE

本书于1937年首次出版，第一版仅售出5 000册。无论是作者戴尔·卡内基本人还是西蒙与舒斯特出版公司当初都不曾想过本书日后会有更好的销量。然而出乎意料的是，本书竟一夜走红，出版社不得不一版再版来满足日益增长的读者需求。如今本书已经在出版史上占有一席之地，并且一直稳坐国际畅销图书榜的头把交椅。在大萧条过后的日子里，这本书不仅仅是红极一时的畅销书，更触到了读者的痛处，满足了人们的需求。此后长达半个世纪的时间里（直到20世纪80年代），本书的销量一直长盛不衰。

戴尔·卡内基曾经说过，"赚百万美元易，留隽永之言难"。而本书就是一本隽永之言的汇集。从政治漫画到通俗小说，在各种语境中人们都会引用、阐释或是改编模仿书中的语句。这本书的译本也几乎涵盖了现存的所有语言，每代人都能从书中发现新意，找到适合自己的部分。

这就提出了一个逻辑问题：既然这本书的销量一直以来长盛不衰，对全球读者又具有普遍的影响力，那为什么还需要修订再版？

为了回答这个问题，我们必须要认识到，戴尔·卡内基本人就是一位孜孜不倦的修订者，他一生中一直不断地修订自己的作品。本书最初是为其课程“有效演讲与人际关系”做教材而作，时至今日本书仍然是此类课程的教材。卡内基在世时不断改进和完善这门课程，使其满足越来越多的人日益提高的需求，直至1955年去世。没有人比戴尔·卡内基更能敏锐感知不断变化的潮流与动向了。他始终在改进和完善自己的教学方法，数次更新这门课程的教材内容。如果卡内基晚些辞世，他本人一定会对这本书继续进行修订，使它能更好地反映自20世纪30年代以来全球发生的万千变化。

在本书首次出版发行时，书中的许多人物还颇有名望，但他们对于今天的许多读者而言却很陌生。书中的一些事例和表达在今天看来就好像是维多利亚时代小说里的那些故事和词汇一样，古怪而陈旧，已经不复流行。如此看来，书中的重要信息和整体影响力已经遭到了一定程度的削弱。

因此，我们修订再版的目的就是为了使本书变得更加清晰明了，使现代读者不会对其内容产生疑惑。但是，我们并没有“改变”书中的内容，只是对其做了几处删减，又加入了几个当代的事例。我们保留了狂傲不羁的卡内基风格，甚至连20世纪30年代的俚语也未曾删减。戴尔·卡内基的写作风格和他的演讲风格如出一辙——激情洋溢、通俗易懂、出口成章。

无论是在书中还是在工作岗位上，他的声音都一如既往地铿锵有力、掷地有声。世界各地有数以万计的人正在参与卡内基的训练课程，这个数字还在逐年增加。还有数以万计的人正在研读本书，希望运用书中讲到的人际关系原则来创造更加美好的生活。本着好上加好的原则，我们将本书的修订版献给上述所有读者。

多萝西·卡内基

自序

HOW TO WIN FRIENDS AND INFLUENCE PEOPLE

在 20 世纪最初的 35 年里，全美各家出版社出版的各类图书超过 20 万本，其中大部分书的内容乏味至极，很多书都是赔本赚吆喝。美国最大的出版公司中的一家公司的总裁曾经对我坦陈，即便有着 75 年的出版经验，他的公司推出的图书中仍有接近九成（87.5%）是亏本出版的。

那么我为何还有勇气再去写一本书呢？而我写完之后，你们为何还要费神去读它呢？

这两个问题提得非常好，下面我将尽力为你们作出解释。

我自 1912 年开始在纽约为商界人士和职场男士开设教育课程。起初，我只教授公共演讲类的课程——这类课程是为成人培训而设计的。我通过自己的切身经历设身处地地为受训者着想，使他们在面试中和众人面前都能更加清晰、有效、自信地表达自己的观点。

但随着时间的流逝，我逐渐意识到这些人不仅需要演讲方面的训练，他们更需要有人在待人接物等方面对其加以指导，使他们在商务往来和社会交往中能够维系良好的人际关系。

与此同时，我也逐渐意识到我本人其实也急需这样的训练。回首过去这些年，我惊讶地发现自己常常粗心大意、不够细腻，还缺乏同情和谅解的胸襟。我多么希望20年前手里能有这样一本书啊！假使真的拥有了这样一本书，那于我又将是多么大的恩惠啊！

待人接物也许是你生活中面临的最大问题，身处商界尤为如此。当然，不管你是家庭主妇、建筑师还是工程师，与人相处都是你面临的最大问题。几年前，由卡内基教学促进基金会赞助的一次调查得出了一个意义重大的结论，而该结论后来在卡内基技术研究所的研究中也得到证实。这些调查揭示出，即使在像工程这样的技术领域，其财政收益的85%亦源于运用人事管理学的技巧，即人格魅力和领导众人的能力，而只有15%的财政收益是靠技术知识得来的。

许多年来，我每季度都在费城工程师俱乐部教授课程，也在美国电子工程师协会纽约分会任教，已有1 500多名工程师修过了我的课程。他们来上我的课是多年的观察和亲身经历使他们终于意识到：在工程界，薪水最高的人往往并不是那些专业技术最过硬的工程师。例如，一个人以一般薪水就可以聘用到专业技术过硬的工程师、会计师、建筑师或是其他领域的专业人员；但既有专业知识又有表达能力、领导能力，同时还能激发众人工作热情的人就要用高薪才能请得到了。

在其事业如日中天时，约翰·D·洛克菲勒曾说过，"为人处世的能力与糖或咖啡一样，都是可以购买的"，"我愿意为这样的能力埋单，把钱花在这上面最值"。

你该不会认为世界上每所大学都会开设一些课程来培养赚取最高薪酬的能力吧？就算真有一所大学为成人开设了这样一门实用的常识课，至少在我写本书的时候，这门课还未能引起我的注意。

当时，芝加哥大学和联合教会学校作了一项调查，想看看成人都想学些什么。

这项调查斥资25 000美元，耗时两年。调查的最后一部分是在位于康涅狄格州的梅里登进行的，该城市有着“最典型的美国城市”之称。梅里登的每个成年人都接受了采访，并且填写了包含156道题的调查问卷，这些题大致是：你从事什么职业？你的受教育程度如何？你的闲暇时光怎样度过？你的收入水平如何？你有哪些爱好？你有什么雄心壮志？你都面临哪些问题？你最喜欢学习什么科目？如此等等。该调查显示，人们最关心的问题是健康状况，其次就是与人交往，即如何理解他人，如何与人相处，如何让他人喜欢你以及如何让他人同意自己的看法。

所以，进行这项调查的委员会决定为梅里登的成人开设一门人际关系课程。他们积极寻找课程教材，之后却一无所获。最后，他们向一位世界知名的成人教育权威人士求助，问他是否知道有哪本书能够满足这个群体的需求。这位人士答道：“不知道，我知道这些人想要什么，但他们需要的书还没写出来呢。”

根据切身体验，我知道他的话没错，因为我本人多年来也一直在寻找一本有关人际关系的实用指南。

既然这样的书并不存在，我便试着自己写一本以作授课之用。本书就是希望你们大家喜欢。

在本书写作前的准备阶段，我阅读了能找到的所有相关材料——无论是报纸专栏、杂志文章、法院的卷宗，还是老一辈哲学家以及新兴心理学家的著作。此外，我还雇用了一位训练有素的研究人员，利用一年半的时间阅读各地图书馆中我不曾涉猎的相关书籍。在此期间，我们啃过心理学的大部头著作，阅读了数以千计的杂志文章，研究过数不清的传记，这一切都是为了了解古往今来的领导者是如何处理人际关系的。我们读他们的传记，我们读所有伟人的生平故事（从恺撒大帝到托马斯·爱迪生），我还记得仅西奥多·罗斯福的传记我们就读了一百多部。我们决心不计时间、不计成本地去发掘人们曾经用于人际交往的实用理念，将古往今来赢得朋友、影响他人的所有想法一网打尽。

我个人则采访了几十位成功人士，其中包括马可尼和爱迪生这样的大发明家、富兰克林·罗斯福和詹姆斯·法雷（James Farley）这样的政治家、欧文·扬这样的商界领袖、克拉克·盖博（Clark Gable）和玛丽·皮克福德（Mary Pickford）这样的电影明星，以及马丁·约翰逊（Martin Johnson）这样的探险家。通过与他们对话，我努力探索着他们与人相处的技巧。

基于这些材料，我曾准备过一个简短的演讲，叫作"如何赢得朋友并影响他人"。我觉得这个演讲很"简短"，但它只是最初很简短，很快这段演讲就扩展成一个历时一个半小时的讲座。后来，我会对来参加纽约卡内基研究所课程的所有学员做这番演讲。

在演讲中，我鼓励学员们走出去在商务往来和社交活动中检验我这番话的正确性，之后再回到课堂上为大家讲述他们各自的经历和取得的成绩。这是多么有趣的任务啊！这些急于实现自我提升的男男女女对于在一个新型实验室里工作的想法非常着迷——这是人类历史上首个也是唯一一个为成人设置的人际关系实验室。

本书并不是一本普通意义上随意写就的书，而是像孩子一样成长起来的。它从这个人际关系实验室中成长和发展起来，从成千上万人的亲身经历中成长和发展起来。

几年前，我们开始讲授这门课程，一开始只是把一套规则印在一张明信片大小的卡片上。到了第二季培训班，我们印制了更大的卡片；接着是传单那么大；然后是几本小册子，每本小册子的内容都比从前有所增加。经过 15 年的实验和研究，这本书终于诞生了。

书中所写的各项原则并不仅仅是理论，更不是信口雌黄，它们是拥有魔力的。虽然听起来有些让人难以置信，但我的确亲眼见证了这些原则在应用中实实在在地改变了许多人的生活。

举个例子。一位公司里有着314个员工的企业家参加了我们的一期课程。多年来他总是肆意逼迫、批评和谴责他的员工，他的口中从来都没有温和、赞赏和鼓励的字眼。但在学习了本书中讲到的那些原则之后，这位老板的人生哲学发生了明显的转变。如今他的公司一派新气象，处处洋溢着忠诚、热情、团结协作的气氛，曾经的314个敌人已经变成了314个朋友。正如他在课前演讲中骄傲地提到的那样：“过去我在公司中溜达时，谁都不跟我打招呼，我的那些员工看到我走过去总是把头转向别处。但现在他们都是我的朋友，就连门卫都可以直呼我的名字。”

这位老板赚到了更多的利润，也获得了更多的休闲时光；更重要的是，无论是在工作中还是在生活中，他都发现了远远多于从前的快乐。

通过运用书中的这些原则，不计其数的销售人员的销售额已经得到明显提高。他们当中的许多人已经发展了新客户——这些客户他们之前也争取过，但当时是徒劳的。许多行政主管得到更多授权和更高的薪水。有一位主管说，正因为应用了书中提到的这些真理，他的薪水才有了大幅提升。另一位来自费城燃气工程公司的主管在65岁时参加了培训课程，因为性格暴戾又缺乏领导技巧，当时他险遭降职。那次培训不仅使他免遭降职，更让他升职加薪。

很多次在课程结业宴会上，参加宴会的那些夫妻总会告诉我，自从自己的另一半参加了我的课程之后，家里的气氛就变得愉悦多了。

人们总是惊异于他们取得的新成就，这一切看起来都像是魔法一样。有时候学员们会满怀热情地在周末往我家里打电话，告诉我他们取得了什么样的成就，因为他们实在是等不到48小时后再在课堂讨论上汇报他们的成绩了。

有位先生在讨论这些原则的时候十分专注，一直和其他成员讨论到深夜。凌晨3点钟的时候，大家都回家了，只有他自己还坐在那里，为自己曾经犯下的错误震惊不已。同时他也发现，一个全新的、更加丰富的世界正在向他敞开。那几夜，他久久不能入睡。

他是谁？他是个天真而未经世事的人吗？他是个滔滔不绝地讨论自己发现的新理论的年轻人吗？不，远非如此。他是个成熟、世故的艺术家，全城闻名。他精通三门外语，并且获得了欧洲两所大学的毕业证书。

就在写这篇序言的时候，我接到了一封来自一位德国贵族的信件，他的家族世世代代都在霍恩佐伦地区的部队任职。这封信是在一艘横渡大西洋的汽船上写的，信中讲述了他应用本书中提到的这些原则的故事，语气近乎虔诚。

另一位先生是个老纽约人，哈佛大学毕业，拥有一家规模很大的地毯厂，十分富有。他说在参加培训的这14周里学到的有关待人接物的艺术比他在大学4年中学到的都多。听起来有些荒唐吗？好笑吗？神奇吗？当然，你愿意怎么想都可以。我只是单纯地陈述一个事实罢了，不作任何评论。这句话出自一个保守但非常成功的哈佛毕业生之口，他就是哈佛大学著名教授威廉·詹姆斯（William James）。1933年2月23日星期四的一次公开演讲上，他面对着纽约耶鲁俱乐部的近600名听众说出了这句话。

“与我们本应成为的样子相比，我们一直都活在半梦半醒中。我们只利用了自身资源的一小部分，无论是体力上还是脑力上都是如此。推而广之，其实每个人都拥有很多能力，只是他习惯性地不去运用这些能力而已。”

每个人都有很多“习惯性地不去运用”的能力。而本书的唯一目的就是要帮助大家去发掘这些一直沉睡的、未曾使用过的资源，并从中获益。

普林斯顿大学前校长约翰 · 希本博士曾经说过："教育，就是应对生活的能力。"

在读完了本书的前三章之后，如果你处理问题的能力还是没有什么提高，那么我就可根据你的情况将本书视为彻头彻尾的败笔之作。因为"教育的宏伟目标"就像赫伯特 · 斯宾塞（Herbert Spencer）曾经说过的那样，"不是获取知识，而是指导实践"。

本书便是为了指导你的实践而写作的。

戴尔 · 卡内基，1936 年

推荐序

HOW TO WIN FRIENDS AND INFLUENCE PEOPLE

成功的捷径

那是1935年1月的一个寒夜，2 500名群众涌入纽约宾夕法尼亚酒店的大厅里，恶劣的天气并未影响人们的热情。晚上7点半，大厅里座无虚席。8点的时候，满怀热情的人们依旧疯狂地挤进大厅，宽阔的阳台很快就挤满了人。当时大厅里连落脚的地方都没有。辛苦工作了一天之后，那晚仍有数千人心甘情愿地亲临现场，在那里站上一个半小时。这究竟是怎么回事？

他们是来看一场时装秀吗？难道这里正在上演一场为期6天的自行车比赛，还是魅力男星克拉克·盖博亲临现场？

都不是。这些人是被报纸中的一则广告吸引到这里来的。两天前，他们在《纽约太阳报》上看到了这则广告，它占了整整一版：

学会有效演讲　培养领袖素质

老生常谈了吗？是的，在这个世界上最复杂的城市里，在20%的民众靠救济金生活的大萧条时期，却有2 500人因为看到了这则广告而不约而同地离开家，涌向了这家酒店。这就是事实，信不信由你。

那晚来到这里的人都属于经济收入较高的阶层，包括行政主管、企业雇主和专业人士。

这些人是为了来听一个超现代、超实用的讲座，题为“学会有效演讲，争做行业领袖”——这也是戴尔·卡内基有效演讲及人际关系研究所开设的一门课程。

为什么这 2 500 名商界精英要来参加这个讲座呢？是因为他们突然想接受更多教育还是因为这次经济大萧条？

显然都不是，因为这门课程已经在纽约连续开设了 24 年，每一季的课堂都人满为患。24 年间有超过 15 000 名商界人士和专业人士接受过戴尔·卡内基的培训课程。甚至像西屋电气公司、麦克劳-希尔出版公司、布鲁克林联盟天然气公司、布鲁克林商会、美国电气工程师协会、纽约电话公司等以挑剔、保守著称的大公司也在公司内部开设了这样的课程，来培训他们的员工和行政主管。

事实上，这些人在小学、中学或是大学毕业 10 年或 20 年之后还来参加这样的课程，这就是对我们教育制度短板的无情讽刺。

这些成年人究竟想要学些什么呢？这是个重要的问题。为了回答这个问题，芝加哥大学、美国成人教育协会以及联合教会学校进行了一次历时两年的调查。

这项调查显示，成年人最关心的问题就是健康问题，其次就是如何提高自己的人际交往能力——他们想学习与人相处和影响他人的技巧。他们既不想成为公共演讲者，也不想去听那些关于心理学的高谈阔论，他们只想得到一些在生活和工作中能立即使用的建议。

这就是这些人想学习的东西，不是吗？

“好吧，”调查人员说，“好极了。如果这就是他们想要的，我们就为他们提供这些好了。”

他们到处寻找课程教材，却发现没有一本这样的手册能帮助人们解决日常的人际关系问题。

这就是问题所在！几百年来，人们曾为希腊语、拉丁语和高等数学编写了内容丰富的教材，但普通成年人根本就不在乎这些知识。而今人们对“与人相处和影响他人的技巧”这一课程求知欲旺盛，希望得到指导与帮助，却找不到任何参考书目。

这就解释了为什么这则报纸广告引起了这么大的反响，让 2 500 人涌进了宾夕法尼亚酒店的大厅。很显然，他们终于在这里找到了自己梦寐以求的东西。

这些人在高中和大学时代专心读书，认为书本上的知识最终能为他们带来高超的专业技术和丰厚的物质回报。

在商界和专业领域摸爬滚打了几年之后，他们发现那些在商界中业绩卓著的人士依靠的不仅仅是专业知识，一流的口才、赢得他人认可的能力以及“推销”自己和自己观点的能力也是助其成功的要件。

很快他们就发现，如果一个人想在工作中担任领导角色的话，个人魅力和讲话能力比枯燥的拉丁动词或是哈佛大学的一纸文凭有用得多。

讲话的能力是成功的捷径。这种能力会让你成为众人瞩目的焦点，能让你脱颖而出。说话比较得体的人总会博得众人的赞赏，而众人赞赏他时往往会放大他（她）的实际能力。

成人教育运动已经横扫整个美国，其中势头最盛的要数戴尔·卡内基的培训机构了。卡内基听过和评价过的成人演讲比世界上其他人都要多。根据“天下奇观”节目组制作的一部卡通片介绍，他曾经评价过 15 万次演讲。如果这个巨大的数字没能给你留下深刻印象的话，那你可以这样想，这个数字意味着自哥伦布发现新美洲大陆之后至今，卡内基几乎每天都要听一个演讲。换句话说，就算每个在他面前演讲过的人只用 3 分钟，一个接一个不间断地进行下去，那么他不吃不喝不睡也要花上10个月才能听完所有这些演讲。

戴尔·卡内基的职业生涯充满了鲜明的对比，令人向往，它说明当一个人脑海中有独特的想法、心中充满激情的时候，就会取得巨大的成就。

戴尔·卡内基生于密苏里州一个距离铁路只有10英里的农场，12岁之前他压根不知道有轨电车是什么样子；然而在46岁时，他却对地球上的每一个角落都了如指掌，从亚洲的中国香港到北欧的哈默弗斯特，他的足迹踏遍了世界各地，甚至曾经去过北极地区，当时他距北极的距离比海军上将伯德当年设立的小美利坚总部离北极的距离还要近。

这个来自密苏里州的小伙子曾经以每小时5美分的报酬帮人采摘草莓和苍耳子，如今他却成了薪酬最高的培训师，专门向大公司的行政主管传授自我表达的艺术。

这个南达科他州西部的牛仔后来去了伦敦，亲自为英国皇室成员演讲。

这个小伙子曾经败得很惨，他曾经试图作公开演讲，但许多次都失败了。后来他成为了我的私人经理，我的很多成功也得益于戴尔·卡内基的训练。

卡内基年轻的时候不得不努力争取受教育的机会，因为密苏里州西北部的古老农场总是被厄运一再光顾。那时，河水水位年年都会上涨，淹没玉米田，冲走地里的干草。季季都有肥猪因染上霍乱而死亡，牛和骡子的价格猛跌，而银行也步步紧逼，要求农场偿还贷款。

一次次的失望之后，卡内基一家卖掉了农场，在密苏里州瓦伦斯堡州立师范学院附近买了一个新农场，因为卡内基在那里就读。为了节省开销，他只能住在农场，每天骑马往返于学校与家之间。在家的时候，他要挤牛奶、劈柴、喂狗，还要在昏黄的煤油灯下学习拉丁文，每天都要学到眼睛睁不开直打瞌睡才肯罢休。

就算每天都要午夜时分才能上床睡觉，他也要在凌晨3点定时起床。他父亲养了几只纯种的美国杜洛克大红猪。在寒冷的晚上，小猪崽可能会被冻死，所以父亲将它们放在篮子里，盖上麻布袋，又把篮子放在厨房的壁炉边。由于天性使然，小猪崽凌晨3点的时候要吃热乎乎的奶。所以当闹钟响起的时候，戴尔·卡内基就得从床上爬起来，把篮子里的小猪带到猪妈妈身边，等它们吃饱了奶再把它们带回厨房。

瓦伦斯堡州立师范学院有600名学生，其中几十个没钱住校的学生很不合群，戴尔·卡内基就是其中之一。因为家境贫穷，买不起合体的衣服，他为自己的穿着感到难为情。很快他内心就产生了自卑感，想寻求成功的捷径。他发现，在学校里总有那么一群人享受着他人没有的影响力和特权——足球队员、篮球队员和赢得了辩论比赛和演讲比赛的冠军们。

他知道自己没有当运动员的天分，于是决定要赢得一项演讲比赛的冠军。他花了几个月时间准备演讲：上学放学的时候骑在马背上练习，挤牛奶的时候练习，就连在谷仓里垛干草的时候也热情高涨、手舞足蹈地对着惊恐的鸽子们高谈阔论，讲述当天发生的事情。

尽管他热情饱满准备积极，却难逃屡战屡败的命运。那时他才18岁，正是敏感而又骄傲的年纪。他灰心气馁，失望透顶，甚至动过自杀的念头。但突然有一天他赢得了比赛，不只是赢得一场比赛，而是成了大学里所有演讲比赛的冠军。

其他同学恳求卡内基对他们进行培训，然后他们同样也赢得了比赛。

大学毕业之后，卡内基开始在内布拉斯加州西部和怀俄明州东部的沙丘中穿行，向那些大农场主推销相关课程。尽管他精力旺盛、热情高涨，却依旧一无所获。烈日炎炎的中午，他垂头丧气地回到内布拉斯加州阿莱恩斯的旅馆，一头扎在床上，陷入绝望之中。他渴望重返校园，渴望从生活的艰难困苦中抽身而退，但是他不能。所以，他重新收拾行装，决心到奥马哈另谋一份工作。他没钱买火车票，只得搭一辆货运车，给两车的野马喂草、饮水，以抵销路费。在南奥哈马下车之后，他在一家公司谋得了一份推销烤肉、肥皂和猪油的工作。他的推销足迹遍布南达科他州的荒地、奶牛场和印第安部落。他坐货运火车、乘马车或是骑马，走遍了自己负责的销售区域，睡在条件简陋的先锋旅店里，店里的客房间只用薄薄的床单隔开。他自学介绍推销技巧的书籍、骑马，和印第安人一起玩牌。

他负责的这个销售路线原来的销量并不好，在29条通向南奥马哈之外的销售路线中位列第25名。但在他接手后的两年间，这条线路销量猛增，排名升至第一位。公司想给他升职，认为"你已经创造了奇迹"。但他拒绝了这次升职机会，并辞职去了纽约，到美国戏剧艺术学院继续深造，之后在全美巡演，他扮演的角色是《马戏之花》（*Polly of the Circus*）中的哈雷博士。

卡内基永远不可能变成布斯或是巴里摩尔那样红遍美国的著名演员，他自己也很清楚这一点。所以他重新回到销售岗位上，开始在帕卡德公司销售摩托车和卡车。

他对机械方面的知识一窍不通，也从未留心过任何相关问题。虽然闷闷不乐，但他每天也得逼着自己完成任务。他渴望能有时间学习，去写那些他从大学时代起就梦想着要写的书。于是他又辞职了。他打算白天写故事和小说，晚上在夜校教书来维持生计。

教什么科目呢？在回顾和评价自己大学时代的表现时，他发现自己在公共演讲方面接受的训练比大学期间所修的所有课程加在一起都有用，这些训练给了他自信和勇气，也使他具备了在工作中与人交往的能力。所以，他请求纽约的教会学校给他一次机会，为那些商界人士开设一些公共演讲的课程。

什么？把商人培养成演说家？简直是荒唐。教会学校那些人很清楚这个想法根本行不通，他们曾经尝试开设这样的课程，却总是以失败告终。然而，就算学校不付给卡内基每晚两美元的薪水，他依然同意开设这样一门课程，只是希望到时能拿到净利润的一部分——如果这门课还能带来什么利润的话。但是，在接下来的3年内，学校付给卡内基的薪水每晚竟高达30美元。

这门课的听众不断增多。先是其他教会学校的人听说了这门课程，然后是身在其他城市的人。戴尔·卡内基很快开始在纽约、费城、巴尔的摩进行巡回演讲，之后又在伦敦和巴黎享誉盛名。对于那些蜂拥而来参加这门课程的商界人士来说，所有的教科书都太学术、太不实用了。正因为如此，卡内基才写出《如何有效沟通并影响他人》（*Public Speaking and Influencing Men in Business*）的课程教材。这本书成了所有教会学校的官方教材，也成了美国银行家协会以及国家信贷协会的官方教材。

戴尔·卡内基认为，所有人在发脾气的时候都很能讲。他说，如果你碰见了一个人，给他下巴一拳，把他打倒在地，就算他是整个小镇最无知的人，他也会站起来和你滔滔不绝地理论，那口才、那气势、那语气，绝不输给处于巅峰状态的当红演说家威廉·詹宁斯·布莱恩（William Jennings Bryan）。他还说，只要有自信，内心有翻滚不息、呼之欲出的想法，每个人都能在公众面前作出非常得体的演讲。

卡内基认为，培养自信的方法就是做你害怕做的事情，并一次又一次地战胜自己的恐惧去达成目标。所以，他要求所有学员每堂课都必须要发言。这些听众极具同情心，因为他们同病相怜。经过不断练习，这些学员培养了勇气、信心和热情，也使这些良好品质体现在自己的私人演讲中。

戴尔·卡内基会告诉你，这些年他并不是靠教公共演讲课程养家糊口的，这门课只是偶然的产物。他的主业是帮助人们战胜恐惧，培养自信。

起初，他教授的仅仅是一门有关公共演讲的课程，但所有来听课的学员都是商界人士，其中许多人已经有30年没踏进教室了。大部分人的学费是分期支付的，他们想学到立竿见影的技巧——那种在第二天的商务会谈或是演讲中立马用得上的技巧。

因此，卡内基只好想办法使自己的课程见效快且效果好。最终他开创了一套独特的培训系统，这套系统将公共演讲、销售技巧、人际关系和应用心理学史无前例地结合在一起。

正是因为深信世间没有一成不变的规则，卡内基才开创了一套实实在在的并且十分有趣的课程。

课程结束时，毕业的学员组成了俱乐部，坚持两周聚会一次。费城有个19人的俱乐部在每年冬季每个月都要聚两次，并且整整坚持了17年。学员从50英里或100英里外赶来参加课程已经是家常便饭了。有位学员曾经每周往返于纽约和芝加哥之间，就为参加卡内基的课程。哈佛大学教授威廉·詹姆斯曾说过，普通人对自身潜在的心智能力只开发了10%。戴尔·卡内基通过帮助商界人士开发自身潜能的做法，也成为了成人教育运动中最有意义的创举。

劳威尔·托马斯，1936年

阅读前的建议

HOW TO WIN FRIENDS AND INFLUENCE PEOPLE

1. 如果你想从本书中获得最大收益，有一点要求不可或缺，这一要求比其他任何规则或技巧都更加重要。除非具备这一基本素质，否则就算你得到了一千条学习规则也没有多大价值。如果具备了这一基本素质，你在学习中就会事半功倍，最终深得书中的精华。

那么，是什么素质如此重要呢？这就是：想要学习的强烈欲望、想提升人际交往技巧的坚定决心。

如何产生想要学习的强烈欲望呢？这就需要你时刻提醒自己书中的规则对你有多么重要，时刻告诉自己这些建议会帮助你拥有一种更加丰富多彩、充实、幸福的生活。反复对自己说："我的受欢迎程度、我的幸福感及价值感都与我待人接物的技巧密不可分。"

2. 首先请你快速浏览每一章的内容，对整本书的大意有个基本了解。你可能会被书中的内容吸引，不断催促自己快点往下读。但是，请一定不要这样做——除非你仅仅是为了自娱自乐才读这本书。如果你是为了提高自己待人接物的能力而阅读本书的话，请回头重新仔细阅读每一章内容。从长远来看，这样阅读会使你收到事半功倍的效果。

3. 阅读过程中时常停下来仔细想想自己正在阅读的内容，问问自己什么时候能应用这些建议，如何利用这些建议。

4. 阅读的时候，请拿一支笔，无论是铅笔、圆珠笔、钢笔、马克笔，或是记号笔，都可以。当读到一条你自认为能用上的建议时，在它旁边做个记号。如果这是条四星级的建议，请在每句话下面画线或用马克笔标注，或者在旁边标注 4 个“*”。在书上做记号会使读书变得更加有趣，也会使再次阅读更快速、方便。

5. 我知道一位女士在一家大型保险公司做了 15 年经理。这 15 年中，每个月她都会把公司当月签下的所有保单核查一遍。是的，她月复一月、年复一年地核查许多一模一样的保单。为什么呢？因为她的经验告诉她这样做是牢记公司条款的唯一方法。我曾经用了将近两年时间写过一本公共演讲方面的书，但我发现我必须一再从头去翻那本书才能记得自己究竟写了些什么。

人类遗忘的速度是惊人的。所以，如果你想从本书中获得实在而持久的益处，就不要幻想浏览一次就能达到这样的效果。通读一遍之后，你每个月还得花上几小时复习一下才行。每天都把它摆在你的书桌上，时常翻一翻，时刻提醒自己未来还有很大的提升空间。一定要记住，只有时常阅读与应用，你才能熟练地运用这些规则。除此之外，别无他法。

6. 萧伯纳曾经说过：“如果你教一个人什么，那他永远也学不会。”他说得没错。学习是个积极主动的过程，我们都是在实践中学会知识的。所以，如果想真正掌握本书提到的各项原则，你就得抓住一切机会践行这些规则。如果不在实践中对其加以运用，很快你就会忘掉它们的。只有用过的知识才会令人印象深刻。

也许你会发现时时处处都运用这些建议有些困难。我很清楚这一点，因为这本书是我写的，事实上我经常发现，要把我自己倡导的每一种观念都付诸实践确实很难。例如，当你不满意的时候，批评、谴责他人总是比试着理解他人来得更容易。吹毛求疵往往要比开口赞扬容易得多；谈论你自己感兴趣的东西总比谈论他人感兴趣的东西要自然得多，此类例子不胜枚举。所以，读本书的时候请记住，你不仅仅是在获取信息，更是在尝试着养成新的习惯。同时，你也在尝试一种新的生活方式，这些都需要时间、毅力和不间断的实践才行。

所以你要常常翻看这本书，将其视为处理人际关系的工作手册；每当遇到某种具体问题——比方说教养孩子，说服另一半同意自己的看法，或是使气恼的客户满意而归——请不要随性做出自然而冲动的举动，这种做法往往是错误的。正确的做法是，翻翻这本书，重新读读你做过标记的那些段落，然后试试这些新方法，让它们为你创造奇迹。

7. 让你的另一半或是你的孩子监督你，每次当你违反某项原则而被他们抓个正着时，就奖励他们 10 美分或是 1 美元。掌握这些规则的过程应当成为生动有趣的游戏过程。

8. 华尔街一家著名银行的行长在我的课上曾作过一次课前演讲，当时他向大家介绍了他自己用于自我提升的高效系统。这位先生几乎没有接受过正规教育，但他却成为美国最重要的金融家之一。他坦陈自己的成功大部分都得益于他对自己那套自创系统的长期运用。接下来，我会尽量用他的原话为大家介绍一下这套系统：

> 这些年来，我一直保留着一个记事本，上面记着我每天的各项事宜。我的家人从不占用我星期六晚上的时间，因为他们知道每个周六晚上我都会抽一部分时间进行自我反省、自我检查和自我激励。这个过程是十分有启发性的。每周六晚饭之后，我就打开我的记事本，仔细回想我这一周所有的会面、讨论和会议。我问自己：

“那次我犯了什么错误？”“我做的哪件事是对的？以何种方式才能改进我的表现呢？”“从那次经历中我能吸取什么教训？”

我经常发现，每周自省一次的做法让我很不开心，也常常会对自己所犯的那些大错感到吃惊。当然，随着年岁的增长，犯错误的次数也会越来越少，有时候我还会在自省后自我安慰一下。这套自我分析、自我教育的方法我用了一年又一年，比其他任何方法都管用。

这个方法帮助我提高了决策能力，与人交往时它也常常能助我一臂之力。我非常推崇这个方法。

为什么不用类似的办法检验一下你对本书中探讨的那些原则的应用情况呢？如果这样做，你就会得到两个好处：

第一，你会发现自己一直处于受教育的过程中，这个过程妙趣横生、千金难求。

第二，你会发现自己处理人际关系的能力得到极大的提高。

9. 你可以找几张纸，在上面记录自己运用书中各项原则所取得的成绩。记录要详尽，人名、日期和结果都要一一记录下来。保留这样的记录会激励你更加努力。几年之后，当你偶然翻看这些记录的时候，会发现这些往事非常美好！

为了从书中获取最大收益，就要做到：

- 对掌握人际关系的处理技巧怀有强烈的欲望。
- 每章至少读两遍才去读下一章。
- 阅读的时候，时常停下来问问自己如何应用这些建议。
- 标注所有要点。
- 每月重温一遍这本书。
- 抓住每次机会应用这些原则。将本书当作工作手册使用，让它帮助你解决日常问题。

• 每次当你的朋友发现你违反书中的某项原则时，就给他 10 美分或 1 美元，让你的学习过程充满趣味。

• 每周都检查自己的进步情况。看看自己都犯了哪些错误，取得了什么进步，从中又得到了什么教训。

• 在书后做笔记，写明自己在什么时候运用了这些原则，又是怎样运用的。

第一章

如何与他人相处

HOW TO
WIN FRIENDS
AND INFLUENCE PEOPLE

停止责备他人

1931 年 5 月 7 日，一场轰动纽约城的追捕行动进入了关键时刻。在警方数周的搜寻之下，有“双枪杀手”之称的克劳利，一个烟酒不沾的杀人犯，终于无处可逃，被困在其情人位于西端大道的公寓里。

150 名警察和侦探将克劳利藏身的顶楼团团围住。他们在屋顶凿洞，打算用催泪瓦斯把这名杀手熏出来，同时在周围的建筑上架起机关枪，对克劳利进行了一个多小时的扫射。机枪“突突”声四起，枪林弹雨淹没了这片高级住宅区。克劳利躲在堆满杂物的椅子后面，不断朝警察开枪。路旁有一万多人驻足观战，群情激昂。这一壮观景象在纽约街头是前所未有的。

克劳利被逮捕后，警察局局长穆罗尼称这名“双枪杀手”是纽约历史上最凶残的犯人之一。局长说：“别人的一丁点儿冒犯，都会叫他心生杀意。”

但“双枪杀手”克劳利是如何评价他自己的呢？在那些警察向公寓内开枪扫射时，克劳利在房内写了一封信，地址栏里写着“相关人士收”。他的伤口流出的鲜血在信纸上留下了一道暗红印迹。克劳利在信中写道：“我的外表之下藏着一颗疲惫却善良的心，一颗不会伤害任何人的心。”

就在被捕前不久，克劳利与女友驱车到长岛游玩，他们将车停靠在一条乡间公路旁，在车内拥吻。这时，突然有一名警察走上前来说：“请出示您的驾照。”克劳利一声不吭，掏出枪对着那名警察疯狂射击。警察负伤倒下后，克劳利跳下车，从警察身上掏出左轮手枪，朝着他蜷缩的身体又开了一枪。然而就是这个人，竟然对世人宣称：“我的外表之下藏着一颗疲惫却善良的心，一颗不会伤害任何人的心。”

克劳利被判坐电椅。当他走进纽约辛辛监狱的死囚室时，你以为他会说：“这就是我杀人的下场吗？”不，他在抱怨：“难道这就是自我防卫的下场吗？”

这个故事的关键在于，“双枪杀手”克劳利根本没有意识到自己的过错。

并不是所有罪犯都抱着这种心态吧？如果你这样想，那就听听下面这段话吧：

“我用生命中最美好的年华给人们带来幸福快乐，帮助他们度过愉快的时光，但是我得到的却是诅咒，还要遭人逮捕。”

这番话出自艾尔·卡彭（Al Capone）之口。对，就是那个恶名昭彰的全美人民公敌，那个在芝加哥一带横行霸道、无恶不作的黑帮老大。卡彭没有谴责他自己，实际上他还把自己视为一个对大众有恩的人——一个不被赞赏、不被理解的大众恩人。

达基·舒尔茨（Dutch Schultz）在命丧帮会火拼之前也是这么评价自己的。舒尔茨也是纽约市最臭名昭著的罪犯之一，他曾在接受媒体采访时说自己是一个造福社会的人，并且对此深信不疑。

在跟辛辛监狱的典狱长刘易斯·劳斯的通信中，我们就这一问题展开了有趣的探讨。劳斯说：“辛辛监狱内几乎没有人承认自己是恶人。他们就像我们一样会为自己辩护：他们会告诉你他们为什么要撬开保险箱，为什么要扣动扳机。他们用荒谬或合理的言论向社会或是向自己证明扰乱社会秩序的行为是正当的。他们认为自己不该被送进监狱。”

如果说艾尔·卡彭、“双枪杀手”克劳利、达基·舒尔茨以及无数铁窗后的囚徒从来不去思考自己做错了什么，那么你我身边的人是否也是如此？

百货商店之父约翰·沃纳梅克（John Wanamaker）曾经坦陈：“早在30年前，我就发现斥责别人是一种愚蠢的行为，可是上帝并没有发现他让人天资参差不齐是个问题。看到别人天资聪颖，而我自己则要费很大力气克服自身缺陷，很难不心生抱怨。”

沃纳梅克早就参透了这一点，我却跌跌撞撞走了30多年才终于醒悟：99%的情况下，无论人们犯下了多么明显的错误，都不会对自己有一丝责备。

批评是徒劳的，因为它会让人心生抵触，并想方设法为自己辩护。批评也是危险的，因为它会伤害一个人的自尊心，激起对方的怨恨情绪。

全球著名的心理学家斯金纳通过实验证明了这一点：与表现拙劣而受到惩罚的动物相比，表现出色而受到奖赏的动物的学习能力更强，学习效果也更持久。随后的研究表明，这一规律同样适用于人类。批评不但于事无补，还会招来怨恨。

另一位伟大的心理学家汉斯·薛利（Hans Selye）也说过：“我们有多么渴望被认可，就有多么害怕被谴责。”

对员工、家人和朋友的批评不仅不能帮助他们解决现有问题，还会打击他们的信心，伤害彼此的感情。

俄克拉何马州的乔治·约翰斯顿（George B. Johnston）是一家建筑公司的安全管理人员，他的职责之一就是确保工地上的工人都戴安全帽。据他讲，只要碰到工人没有戴安全帽的情况，他都会严肃地要求对方戴上。工人们虽然勉强服从了，但只要看见他离开，便会马上摘下帽子。

于是约翰斯顿决定换一种方式。当他再次看见工人没有戴安全帽时，就关切地询问是不是帽子不合适，戴在头上舒不舒服。他用愉悦的语气提醒工人，安全帽能够保护头部不受伤害，工作时还是戴上为好，而那些工人最终也欣然地戴上了帽子。

回望数千年的历史，你会发现不少批评都是于事无补的。以西奥多·罗斯福和塔夫脱总统之间那场著名的争论为例，那场争论分裂了共和党，让伍德罗·威尔逊趁机赢得了总统大选，使他能够在“一战”期间创下伟绩，改变历史的轨迹。让我们来回顾一下这些史实吧。1908 年，西奥多·罗斯福推选塔夫脱接任总统，自己则离开白宫，去非洲猎杀狮子。回到美国后，罗斯福对塔夫脱的保守政策十分不满，于是公开对其进行谴责，并另组公鹿党，试图再次参加总统大选。他的攻击几乎把共和党打垮了。在随后的选举中，塔夫脱和共和党仅仅获得了两个州（佛蒙特州和犹他州）的选票。这是共和党成立以来最惨痛的失败。

罗斯福责备塔夫脱守旧，塔夫脱总统也认为自己有错吗？他当然不这么认为。塔夫脱含着眼泪说：“我不明白自己究竟错在哪里。”

到底谁该受谴责，罗斯福还是塔夫脱？坦白讲，我不知道，也不需要知道。我要强调的是，罗斯福对塔夫脱的所有指责都没能让塔夫脱觉得自己有错，反而让塔夫脱千方百计为自己辩护，并眼含热泪一再重申：“我不明白自己究竟错在哪里。”

我们可以再回顾一下蒂波特山油田丑闻。20 世纪 20 年代初，蒂波特山油田丑闻在美国社会掀起了轩然大波。在当时人们的记忆中，这种事情在美国百姓的生活中闻所未闻。事情的经过是这样的：哈丁总统任职期间，内政部长艾伯特 · 福尔掌控着海军石油保留地——埃尔克山油田和蒂波特山油田——的出租权。福尔公开招标了吗？没有，他将这份丰厚的合约送给了他的朋友爱德华 · 多赫尼。多赫尼又做了什么？他交给福尔 10 万美元，美其名曰是给福尔的“贷款”。接着，福尔利用职权命令美国海军舰队进入油田，赶走正在附近开采石油的其他竞争者。这些竞争者在武力的胁迫下离开了自己的领地，他们心有不甘，便将福尔告上了法庭。一时间，丑闻大白于天下，群众哗然，哈丁政府毁于一旦。共和党几乎垮台，艾伯特 · 福尔也锒铛入狱。

福尔受到了大众的厉声谴责，可他自己是否有所悔悟？不，根本没有。多年之后，赫伯特 · 胡佛在一场演讲中谈到，哈丁总统是因为被一位朋友背叛，最终不胜打击，痛苦而逝。在座的福尔太太听到后立刻从椅子上跳起来，挥舞着拳头大声哭喊：“什么？福尔背叛了哈丁？不！我丈夫从来没有背叛过任何人。即便这屋里装满黄金，我丈夫也不会动心。他是遭人背叛，才落得如此下场！”

现在你们看见了，这就是人的本性：做错事只会责怪他人，却不会自我反省。我们每个人都是如此。所以下一次当我们想要批评别人时，不妨先回想一下艾尔 · 卡彭、“双枪杀手”克劳利和艾伯特 · 福尔的故事。批评就像自家的信鸽，迟早会飞回到自己身边。那些受到谴责的人也会为自己辩护，还会反过来谴责我们。或许，他们会像塔夫脱一样无辜地说：“我不明白自己究竟错在哪里。”

1865 年 4 月 15 日早晨，亚伯拉罕 · 林肯躺在一家简陋旅馆走廊尽头被隔成的窄小房间里，奄奄一息。与旅馆一路之隔的就是福特剧院，前一夜，林肯正是在那里遭到了约翰 · 威尔克斯 · 布斯的暗杀。

在林肯弥留之际，时任国防部长的斯坦顿说：“躺在那里的，是迄今为止全世界最杰出的统治者。”

林肯为人处世如此成功的秘诀是什么呢？我花了10年时间研究林肯的一生，并且投入整整3年时间撰写了《林肯传》（*The Unknown Lincoln*）一书，其间还对其进行了改写。我相信，我对林肯的人格及其家庭生活的了解之深入无人能及，特别是在他待人接物的方法上，我作过相当细致的研究。林肯也爱批评别人吗？是的。当他在印第安纳州鸽溪谷时，他不但批评别人，甚至还写信嘲讽别人。他将这些嘲讽的信件丢在大街上，故意让对方看见。其中一封信就激起了别人对他一辈子的仇恨。

就在他来到伊利诺伊州的斯普林菲尔德成为一名职业律师后，他依旧在报纸上发表文章公开抨击对手。当时他做得有些过分了。

1842年的秋天，林肯在当地的日报上发表匿名信，嘲弄了一位自大好斗的政治家——詹姆斯 · 谢尔德。这封信的内容一时间成了镇上的笑料，更是让敏感自傲的谢尔德暴跳如雷。调查出写信人后，谢尔德立刻跳上马去找林肯一决高下。林肯原本拒绝动武，但此时他已被逼无奈，只好接受挑战以保全名誉。林肯根据自身手臂长这一优势选择了骑兵的腰刀作为武器，他还从西点军校毕业的军官那里学来了一套刀法。在约定比武的那天，两人来到了密西西比河的沙洲上一决生死。所幸的是，就在最后的紧要关头，两人的助手介入并及时终止了这场对决。

这场决斗堪称林肯一生中最可怕的个人经历，它给林肯上了珍贵的一课，让他明白了为人处世的艺术。从此他再也不写信抨击他人，再也不恣意取笑他人，也几乎不再为任何事而责备任何人了。

美国南北战争期间，林肯不断更换波多马克军团的将领，因为麦克莱伦、波普、伯恩赛德、胡克、米德接连惨遭失败，害得林肯焦头烂额。当时举国上下几乎都在谴责这些无能的将领，然而“宽以待人”的林肯却无丝毫埋怨。林肯最喜欢的一句话是：“少议论他人，免得为他人所议论。”

每当听见夫人或者其他人尖刻地批评南方人时，林肯都会说：“不要责备他们，我们在相同的境遇下也会那么做的。”

当然了，任何人都有批评他人的时候，林肯也不例外。我们只举下面这一个例子：

1863 年 7 月 1 日，葛底斯堡战役打响了，战役持续了 3 天。7 月 4 日夜里，李将军开始率军撤回南方，这时一场暴风雨袭来，洪水淹没了整个小镇。当李将军率残兵败将到达波多马克时，一条大河横亘在他们面前。前面是湍急的河水，后面是步步逼近的北方军队，李将军陷入了绝境。林肯知道，这是一个上天赐予他逮捕李将军、一举夺得战争胜利的绝好机会。林肯踌躇满志地向米德将军下令：不必召开军事紧急会议，立刻攻击。林肯用电报下达了指令，并特派专使向米德传达了立刻进攻的口头命令。

米德将军是怎样回应的呢？他完全违背了上级的指令。他先是召开军事紧急会议，拖延时间，然后找各种借口搪塞上级，断然拒绝进攻。结果，高涨的河水慢慢退去，李将军的部队就这样顺利逃脱了。

林肯气急败坏地对着儿子罗伯特叫喊：“天啊！他这是什么意思！李的军队已经是瓮中之鳖，我们轻易就能捉住他们！但是无论我怎么要求、怎么命令，那些军官都不予理会！那种情况下任何人都能打败他们啊！要是我在场，我简直都会亲自上阵擒敌！”

在极度悲痛和失望的情形下，林肯给米德写了下面这封信。要知道，那时候的林肯措辞极其谨慎，所以这封写于 1863 年的信已经相当于最严厉的呵斥了。

我亲爱的将军：

我相信你肯定无法理解放过李的军队会给我们带来多大的不

幸。他们原本尽在掌控之中，我们只要打败他们，再夺得随后几场战役的胜利，内战很快就能结束。而现在，战争又会被无期限延长。上周一你没能击溃李的军队，那么如今仅凭当时 2/3 的兵力，你又如何保证能在南方获胜？我认为你不具备这个能力。你已经错失了绝好的机会，我为此深感失望。

你认为米德看到这封信后会作何反应呢？

其实米德从未读过这封信，因为林肯并没有寄出这封信。这封信是林肯死后人们在他的文件中发现的。

我猜想——仅仅是猜测而已——林肯写完这封信后，望着窗外，喃喃自语道："等一等，也许我不该这样莽撞。我坐在安静的白宫中发号施令是何等容易，但是如果当时我就在葛底斯堡，我就像米德一样看见战场上血流成河，听见人们痛苦的尖叫与嘶喊，那么我也不会心急火燎地进攻了。如果我像米德一样心存顾虑，那么我也会按兵不动吧。无论如何，事情已经成了定局。如果寄出这封信，我的愤怒的确会得到宣泄，但是米德会竭力辩解，他会责怪我。这种抵触情绪会使他率兵征战时的锐气大挫，也可能逼得他离开军队。"

所以，就像我说的那样，林肯收起了这封信。年轻时的痛苦经历提醒着他：尖锐的批评与斥责从来都是徒劳的。

西奥多 · 罗斯福说过，在他入主白宫期间，每当遇见棘手的难题，他都会靠在椅背上，凝视着墙上的林肯画像陷入沉思："如果林肯遇到这些困难，他会怎么做？"

下一次当我们忍不住想教训他人时，就请拿出一张 5 美元钞票，看着上面的林肯头像问问自己："如果林肯遇到这些困难，他会怎么做？"

马克 · 吐温偶尔会发脾气，也会时不时写信发泄他的愤怒。一次一个人激怒了他，他就给这个人写了这样一封信："如果你需要一张安葬许可证，你只管说，我肯定帮你办好。”还有一次，一个校对人员想要纠正他的标点和一些单词的拼写，他就写信给编辑说：“以后完全按照我的原稿发表，让校对者的主意烂在他愚蠢的脑子里吧。”

这些言辞激烈的信件让马克·吐温心里舒坦了许多，可它们却从未招致恶果，为什么呢？因为他的妻子瞒着他将这些信从邮筒里取了出来，实际上这些信件从未寄出。

是否也有这样一个人，你总想改变他，约束他，修正他的行为呢？很好！好主意。我十分赞同，可是为何不从你自身开始呢？单纯从自私的角度来分析，纠正自己会比纠正别人更划算——是的，而且风险更小。中国古语有云：各人自扫门前雪，莫管他人瓦上霜。

我年轻时总想引人注目。有一次，我给理查德·哈丁·戴维斯（Richard Harding Davis）写了一封很傻的信，他可是美国文坛轰动一时的作家。当时我正为一本杂志撰写一篇介绍作家的文章，于是就写信给戴维斯，请他谈谈自己的写作方法。之前我曾收到过一封信，信封上特别标注着“口述信件，未经审阅”。我对这封信印象很深，因为它让我觉得寄信人是个忙碌的大人物。虽然我一点儿也不忙碌，但是为了给戴维斯留下深刻的印象，我也在给他的信封上注上了“口述信件，未经审阅”。

戴维斯并没有费心给我回信，而是将信原样退回。他在下方潦草地写着“你的态度恶劣至极，无人能比”。好吧，我确实不该这么做，也许我罪有应得，但是作为一个有尊严的人，我真的很憎恶这种感觉。我开始排斥戴维斯，直至10年后得知他去世的消息，我脑海中浮现的还是他当年带给我的憎恶感。

若要激起他人长达数十年甚至一生的怨恨，那么，刻薄地批评对方几句即可。

与人相处时，我们一定要牢记：人不是绝对理性的动物，他们富有情感，他们生来傲慢自负，也极易对人产生成见。

是猛烈的抨击迫使英国著名作家托马斯·哈代放弃了写作生涯，是无情的指责把年轻的英国诗人托马斯·查特顿逼上了自杀的绝路。

本杰明·富兰克林年轻时并不机敏，后来却在社交方面变得圆滑老练，还成为了美国驻法大使。谈到成功秘诀时，他说："我从不说人坏话，我只称赞每一个人的优点。"

只有傻瓜才一味地批评、谴责、抱怨——的确，很多傻瓜都是这么做的。

而要做到宽容大度、善解人意，就需要涵养与克制力了。

"大人物通过善待小人物来凸显其伟大。"卡莱尔如是说。

鲍勃·胡佛是一位著名的试飞员，他经常参加飞行表演。据《飞行任务》杂志记载，有一次圣迭戈的表演结束后，他正在飞回洛杉矶的途中，突然飞机的两个引擎在90米的高空中停止运行。所幸胡佛反应敏捷，操作得当，飞机得以成功迫降，机上人员无一伤亡。尽管如此，飞机还是遭到了严重损坏。

飞机落地后，胡佛的第一反应是去检查飞机燃料。正如他所料，这架参加过第二次世界大战的螺旋桨飞机添加的竟然是喷气机燃料，而不是航空汽油。

回到机场后，胡佛要求见负责保养飞机的机械工。年轻的机械工为自己的错误懊悔不已。胡佛走向他的时候，他已经泣不成声了。是他摧毁了这架昂贵的飞机，也险些断送了3个人的性命。

可想而知胡佛该有多么愤怒。人人都以为以胡佛骄傲、谨慎的性子，他会将这名粗心的机械工狠狠斥骂一顿。谁知胡佛不但没有责怪他，反而搭着他的肩膀说道："我相信你再也不会犯同样的错误了。为了证明我对你的信心，我想请你明天来检修我的F-15战斗机。"

家长时常责骂孩子，你可能以为我会对这样的行为说"不"，但我并不会。我只想建议家长在责骂孩子之前先读读这篇经典的文章——《父亲备忘录》。这篇文章最初是刊载于《大众家庭杂志》上的一篇社论，现在我们得到了作者的许可，将它在《读者文摘》上的精简版摘抄在这里。

《父亲备忘录》这篇情感真挚的小短文扣动了亿万读者的心弦，也成了出版商的至爱。正如作者利文斯顿·拉尼德（W. Livingston Larned）所写："这篇文章自发表以来，已经被译成各种语言，刊登在各大报纸、杂志上。经我本人授权，它可以在学校、教堂以及讲座等公开场合使用。这篇文章已经在无数的电视晚会、电台节目中被广泛传诵。令我感到惊讶的是，一些高等学校的期刊也曾刊载此文。有时候，一篇小短文竟然可以奇妙'蹿红'，这篇文章便是如此。"

父亲备忘录

孩子，你熟睡的样子多么可爱，嫩嫩的小手靠着脸蛋，卷曲的金发湿湿地贴在额前。就在刚才，我坐在书房看报，突然一阵懊悔袭来，压得我喘不过气来。我满怀内疚，悄悄地走进你的房间。我要把这些话悄悄地说给你听。

孩子，今天我对你乱发脾气了。你换衣服准备上学时，我埋怨你只是胡乱擦了把脸，我责怪你没有把鞋子擦干净，还骂你把东西丢得到处都是。

吃早餐时，我也总在挑你的毛病。我说你打翻东西，说你吃东西狼吞虎咽，说你把胳膊支在桌上，说你黄油涂得太多了。你准备去玩时，我正好要出门上班，你转过身来向我挥手道别："爸爸，再见！"而我却皱着眉头冲你大喊："背挺直了！"

下午也是这样。我看见你跪在路旁玩玻璃弹球，脚上的长筒袜都磨破了。我当着小伙伴的面把你拉走，还责骂你："长筒袜是很贵的！以后你要是自己花钱买，就知道珍惜了！”孩子，很难想象吧，一个爸爸竟然说出这样的话！

刚刚我在书房里看报。你还记得你是怎样小心翼翼地走进来，胆怯地看着我吗？你犹豫地站在那儿。我却不耐烦地看了你一眼，问：“你来干什么？”

你什么也没有说，只是飞奔过来，扑进我的怀中。你搂着我的脖子，亲吻我的脸颊。你细小的臂膀充满了爱的力量——那是上帝赋予你的爱之花，绽放在你的心田，即使遭遇了冷漠与忽视，它也不曾凋谢。然后你跑开了，“咚咚咚”地上了楼。

孩子，就在那一刻，报纸从我手中滑落，一股恐惧感在我心中弥漫开来。我那挑三拣四、肆意呵斥的习惯到底让我变成了什么样子？我竟然以那种方式对待一个孩子。孩子，我并不是不爱你，我只是对你期望太高，我只是在用自己的标准来苛求你。

你的天性中充满了真善美，你幼小的心灵就像天地间的朝晖一样辽阔，所以你才会不顾一切地冲进来亲吻我。孩子，对于我来说，没有什么比这个更重要了。我现在来到你的床边，跪在这里，深深地感到羞愧。

这是我无力的救赎。我知道，你可能听不懂这些话，但是从明天开始，我将是一个合格的爸爸！我会跟你结为好友，跟你一起分享欢笑与泪水。不耐烦的话语到了嘴边，我一定忍住不说。我会每天都提醒自己：“他只不过是一个孩子——一个小男孩！”

恐怕我以前把你当成大人对待了。然而现在，眼前的你就好像一个熟睡的婴儿，疲惫地蜷缩在摇篮里。就好像昨天你还躺在妈妈的怀中，依偎在妈妈的肩头。我对你要求得太多了，真的太多了。

让我们不再一味指责他人，试着去理解他们吧。设身处地地想想他们为什么那样做，这要比指责更有益也更有意义。理解能唤起同情，能使人变得宽容，也能激发人的善心。“理解即是宽容”。

正如约翰逊博士所说：“各位，上帝本人从未打算评判任何人，除非末日审判来临。”

上帝都能如此宽容，你我又何必去指责他人呢？

• 原则 1：

不要批评、谴责、埋怨他人。

真诚地赞赏他人

天底下只有一种方法能够促使任何人去做任何事。你是否曾经停下来想过这个问题呢？是的，只有一种方法，那就是让一个人心甘情愿地去做那件事。

记住，除此之外别无他法。

当然，你可以用左轮手枪顶着某人的胸膛让他乖乖交出手表，可以以解雇为由威胁你的员工，使他们乖乖配合你的工作，但他们背地里肯定恨你入骨。你也可以拿出鞭子或用其他手段威胁孩子，让他听你的话。但是，这些鲁莽的方式必会带来难以预料的后果。

让你心甘情愿去做任何事情的唯一方法，就是为你提供你想要的东西。

那么，你想要什么呢？

西格蒙德 · 弗洛伊德曾经说过，人类的一切活动都源于两种根本动力：对性的渴望与成功的欲望。

美国著名哲学家约翰 · 杜威的见解略有不同。他认为人类本性中最深层次的需求是“渴望被重视”。记住这句话：“渴望被重视。”它非常重要，本书中还会多次提到这句话。

你想要什么呢？你想要的可能并不多，但是毋庸置疑，以下这些东西你我都渴望得到：

1. 健康的身体和安定的生活。
2. 食物。
3. 睡眠。
4. 金钱以及金钱能够换来的东西。
5. 未来的生活保障。
6. 性的满足。
7. 儿女的幸福。
8. 被重视。

通常情况下，上述所有要求都极易实现，但其中一条例外，那就是弗洛伊德所说的“成功的欲望”，或者是杜威所说的“渴望被重视”。它如同衣食住行，是人类最迫切的渴望，却难以得到满足。

林肯曾经在一封信的开头写道：“每个人都喜欢被赞赏。”威廉 · 詹姆斯也曾说过：“人类本性中最迫切的需求就是渴望得到他人的欣赏。”请注意他的措辞，他没有说“期待”、“希望”或者“想要”，他说的是“渴望”。

这种渴望让我们内心痛苦无比，而我们却舍不得将它抛弃。这种“被重视”的渴望也是人类与动物的主要区别之一。我儿时在密苏里州的农场生活，那时父亲养了几头杜洛克大红猪和纯种白奶牛。每当中西部地区举办农畜展览或比赛时，我和父亲都会拉着它们去参赛。

我们屡次获得第一名，赢回了许多象征冠军的蓝丝带。父亲把蓝丝带别在一块白布上，每当家里来客人时，他都会取出那块白布，他拉着一头，我拉着另一头，给大家展示我们的蓝丝带。

那些猪并不关心它们赢得了什么，但父亲却十分在意，因为这些奖品能带给他"被重视"的感觉，也就是成就感。

如果我们的祖先没有对成就感的强烈渴望，就不会有现在的人类文明，我们也就跟动物没有什么区别了。

正是出于对这种成就感的渴望，一位没受过教育、穷困潦倒的杂货店店员从塞满杂货的木桶中翻出了几本法律书，并花 50 美分买下了这些书，带回家去刻苦钻研。你们也许听说过他的名字，他就是林肯。

正是这种渴望激励着狄更斯写出了不朽的名篇，正是这种渴望激励克里斯托弗·雷恩爵士在石头上谱出了奇妙的乐章，正是这种渴望使洛克菲勒赚取了用之不竭的财富，也正是这种渴望使你们镇上最富有的人建造了他本不需要的大房子。

正是这种渴望，让你想要穿时髦的服装、开新款的跑车，让你想要在人前称赞自己的孩子。

正是这种渴望，诱使许许多多青年男女拉帮结派寻衅滋事。曾担任过纽约市警察局局长的穆罗尼表示，那些失足的孩子都极为自负，他们被捕后提出的第一个要求，竟是让那些恶俗的报纸将自己吹捧成英雄。他们丝毫不为入狱服刑而苦恼，他们迷恋的是跟体坛、影视以及政界名人同时上报的自豪感。

只要你告诉我你是以何种方式获得成就感的，我就能知道你的为人。因为这种方式决定了你的性格，也体现了你的价值观。比如说，约翰·洛克菲勒的成就感就源自他在北京捐建了一家现代医院，帮助数以万计未曾谋面的中国贫困患者。然而，狄林杰则是通过抢劫银行、行凶杀人来获得成就感的。当联邦调查员追缉他时，他冲进一户农舍，高喊："我是狄林杰！"他以成为头号人民公敌而自鸣得意。"我不会伤害你们的，但是你们看清楚了，我可是狄林杰！"

是的，洛克菲勒与狄林杰最大的区别在于他们获得成就感的方式不同。

在历史的长河中，许多名人身上都发生过"渴望被重视"的趣事。乔治·华盛顿希望被人称为"美国总统阁下"，哥伦布请封"海军上将"称号，凯瑟琳女皇拒绝拆阅未注明"女皇陛下"的信件，林肯夫人曾在白宫中对格兰特夫人发出母老虎般的怒吼："没有我的邀请，你竟敢私自进入白宫！"

1928 年，美国数位百万富翁出资支持伯德上将赴南极探险，因为此次探险发现的雪山山脉将以出资人的名字命名。维克多·雨果最渴望的事莫过于将巴黎改名为"雨果市"。就连"伟人中的伟人"莎士比亚都渴望在自己的名字前面加个头衔以光宗耀祖。

人们有时会以病弱博取同情和注意，从而获得成就感。就拿麦金利夫人来说吧，她常常要求身为美国总统的丈夫放下国家大事，倚在床边抱着她、哄她入睡，以此获得成就感，甚至看牙医时也坚持要求丈夫陪伴。有一次，麦金利总统因与国务卿约翰·海有要事商谈，把她单独留在了牙医那里，引得她大发雷霆。

作家玛丽·罗伯茨·莱因哈特给我讲了这样一个故事，一个原本聪明伶俐、健康开朗的女人为了得到母亲的重视而变得病弱不堪。莱因哈特夫人说："有一天，这个女人感觉压力从四面八方袭来，也许是因为陷入了年龄危机吧，她感觉未来的生活满是无聊寂寞，几乎没有什么指望了。"

"于是她开始卧病在床。整整 10 年，她的母亲从一楼到三楼爬上爬下，为她端茶送饭，照顾她的生活起居。终于有一天，年迈的母亲因为操劳过度病倒了，之后撒手人寰。这个病快快的女子心力交瘁了几周之后，竟然从病床上爬了起来，穿好衣服，重新开始了自己的生活。”

一些权威人士认为，当人们无法在冷酷的现实世界中获得“被重视”的感觉时，他们就会转而投向疯狂的梦幻世界去寻找这种感觉。在美国，精神病患者的数量比其他疾病患者的总数还要多。

那么，精神疾病究竟是由什么引起的呢？

这么宽泛的问题谁也答不上来，但我们知道，有些疾病，比方说梅毒，会破坏脑细胞，从而导致精神失常。实际上，将近50%的精神疾病都是由生理问题所致，比如说脑损伤、酒精过量、毒素残留、物理撞击等。然而令人震惊的是，另外50%的精神病患者的脑细胞并未受到任何损伤。专家将一些已故精神病患者的脑组织放在高倍显微镜下研究，发现他们的脑组织竟然和常人的一样健康。

那么，这些人又为何精神失常了呢？

我就这个问题请教了全美最著名的精神病内科主任医师，这位医生曾被授予行内最高荣誉，但他却很坦诚地告诉我，他也不清楚为什么人们会精神失常，其确切原因无人知晓。但他说，那些精神病患者会在幻想的世界中获得“被重视”的感觉，而这种感觉他们无法从现实社会中获得。然后他给我讲了下面这个故事：

> 我那儿刚来了一个病人，她经历过一次不幸的婚姻。她曾渴望得到爱和性的满足，渴望拥有自己的孩子和较高的社会地位，但是命运摧毁了她全部的梦想。她的丈夫不爱她，连跟她一起吃饭都不肯，他命令她把饭菜端到楼上的房间，他就在楼上吃。这位女士没有孩子，也没有社会地位，终于精神崩溃了。她幻想自己跟丈夫离了婚，恢复了娘家的姓氏。她还认为自己已经嫁给了

一位英国贵族，并要求大家称呼自己为“史密斯夫人”。

现在，她幻想自己每晚都有新的孩子诞生。每次我去看望她，她都对我说：“医生，我昨晚生了个孩子。”

生活曾经将她的梦想之舟狠狠地摔碎在现实的礁石上，但是她荒诞的幻想世界就像一片洒满阳光的岛屿。在那里，她乘着微风快乐地驶入港湾。

这样很可悲吗？我无法判断。她的主治医师对我说：“就算我有办法治好她的病，我也不会去治的，因为现在的她比原来快乐多了。”

如果有人极度渴求一种“被重视”的感觉，甚至不惜步入癫狂世界的话，那么请想象一下：如果我们能及时给予他们真诚的赞赏，又会产生怎样的奇迹呢？

在那个不征收所得税且周薪 50 美元生活便很富足的年代，美国有一批人的年薪超过了 100 万美元。其中一位就是查尔斯 · 施瓦布(Charles Schwab)。1921 年，年仅 38 岁的施瓦布被安德鲁 · 卡内基相中，成为新成立的美国钢铁公司的首位总裁。(后来施瓦布离开了美国钢铁公司，接管当时运营状况欠佳的伯利恒钢铁公司，并将其打造成了美国赢利最多的公司之一。)

安德鲁 · 卡内基为什么不惜以每年 100 万美元的薪金聘用施瓦布呢？因为施瓦布有才干？不对。因为施瓦布比别人更加了解钢铁加工的专业技能？简直一派胡言。施瓦布曾亲口告诉我他手下有很多员工的专业技能都比他强。

施瓦布说，他之所以被高薪聘请，是因为他在与人相处方面具有突出的才干。我问他是如何做到这一点的，他便说了下面这段话。这段话应该被铸成铜匾，挂在每一个家庭、每一所学校、每一家商店和每一间办公室里；这段话应该叫学生们背诵下来，这比背诵阿拉伯语动词变位或巴西年降水量多少有益得多。如果能按照这段话去做，那么我们的生活将会有很大改观。

施瓦布说：

> 我最大的本领，就是不断地赞赏并鼓励我的员工，以此激起他们的热情，将他们的潜能完全开发出来。
>
> 没有什么比上司的批评更打击人的了。我从来不批评任何人，我相信只有激励才能促使别人好好完成工作。所以我乐于表扬人，不愿意责骂人。只要是我喜欢的东西，我就会衷心地称赞，从不吝惜赞美之词。

这就是施瓦布的做法，那么一般人又是如何做的呢？他们的做法与施瓦布恰恰相反，当他们看什么不顺眼时，便会对自己的下属大声斥责；当他们看见员工做得不错时，却又缄口沉默。这就好比那句老话讲的那样：好事无人知，坏事传千里。

施瓦布说：

> 在广泛的人际交往中，我结识了世界各地的名流。我发现，无论一个人多么崇高伟大，他受到赞赏的时候都会比受到批评时付出更多的努力，表现也更出色。

坦白地说，他所说的这一切也是“钢铁大王”安德鲁·卡内基取得非凡成就的原因。无论是在公开场合还是私人场合，卡内基都十分乐于称赞他的下属，甚至在自己的墓碑上，他也不忘称赞他人。他为自己写了如下碑文：“躺在这里的人，懂得雇用那些比他聪明的人。”

约翰·洛克菲勒在社交方面也得心应手，秘诀之一便是真诚地赞赏他人。有一次，他的一位合伙人爱德华·贝德福德因为一笔赔本的买卖使公司蒙受了100万美元的损失。洛克菲勒本想责怪他，但是他了解到贝德福德已经尽力了，何况事情已经过去，再怎么抱怨也无济于事。因此，洛克菲勒尽可能地找到一些理由来称赞贝德福德。于是，他恭喜贝德福德保住了60%的投资额。“这已经很棒了，”洛克菲勒说，“我们不可能做到事事十全十美。”

我的剪报中有这样一则小故事，它虽然是虚构的，但同样揭示了这个道理。

> 一位农妇在结束了一天的辛苦劳作之后，将一堆干草摆在了自家男人们的饭桌上。男人们气愤地质问她：“你是不是疯了？”她回答道：“我怎么知道你们会介意？20年来我天天为你们煮饭做菜，你们倒是要让我知道你们嚼的不是干草啊。”

几年前，有人对妻子离家出走这一现象进行了研究。你认为这项研究所发现的妻子离家出走的主要原因是什么？答案是“缺少赞许”。我敢打赌，很多丈夫离家出走肯定也是出于这个原因。我们常常将另一半的付出视为理所当然，却忘了给予他们肯定和赞许。

我的一位学员与我们分享了他的故事。他的妻子与一群跟自己一起做礼拜的妇女参加了一个自我提升的项目。回家后，她要求丈夫为她列举出6个需要改进的地方，以帮助她成为一个更加合格的妻子。这位学员对我们说：

> 这个要求让我很惊讶。坦白地说，要列出6个需要她改进的地方很容易，可是天呐！我自己做得就足够好吗？换作是我，我甚至能叫她列出1 000个毛病。所以我对她说：“让我仔细想想，明早告诉你吧。”
>
> 第二天早晨我起得很早，我打电话让花店当日给我的妻子送6朵玫瑰并附上一张卡片，上面写着：“我想不出你还有什么地

方需要改进的，我就爱现在的你。”

那天傍晚下班回到家里时，你猜谁在门口迎接我！没错，是我的妻子！她几乎要哭出来了。我非常高兴，我没有按照她的要求提出那6点改进意见。

接下来的那个周日，她在教堂里做礼拜时向大家讲述了这件事，几位跟她一起参加项目的女士走过来对我说：“这是我听说过的最体贴的事了。”正是从那时开始，我明白了赞赏的力量。

叱咤百老汇歌剧界的制片人弗洛伦兹·齐格飞（Florenz Ziegfeld）一向以善于“歌颂美国女孩”著称。他一次又一次将其貌不扬的女孩打造成充满魅力与神秘感的舞台明星。他深知赞赏和信心有多么重要，所以他用自己的殷勤和体贴打动女孩，让她们相信自己是最美丽的。他很慷慨：他将歌舞团女演员的薪水从每周30美元提到了每周175美元。他风度翩翩：在歌舞剧《富丽秀》的首映之夜，他向演员们发出贺电，还为每一位女演员献上了一束娇艳的蔷薇。

我曾经追逐“绝食运动”的潮流，6天6夜没有进食。这不难做到，因为第6天结束时我已经没有第2天结束时那么饿了。但你我都知道，那些连续6天不让家人或员工进食的人会觉得自己犯了罪，但他们却不知道自己的家人和员工对赞美的渴求如同对食物的企盼一样热烈，他们可以连续6天、6个星期甚至6年都不给予自己至亲至爱的人任何由衷的赞美。

著名演员阿尔弗雷德·朗特在领衔出演《维也纳的重逢》（*Reunion in Vienna*）时说：“我最需要的东西莫过于对自尊的呵护。”

我们只注意呵护孩子、朋友和员工的身体，却忘了呵护他们的自尊。我们提供马铃薯和烤肉为他们补充能量，却忘了为他们送上赞美的言辞——这样的言辞就像晨星演奏出的美妙音乐，会在他们的记忆中唱响，经年不散。

美国著名新闻人保罗 · 哈维（Paul Harvey）曾经做过一档电台节目——《故事的结尾》。在这档节目中，他为我们讲述了由衷的欣赏是怎样改变一个人的生活的。他讲述了这样一个故事：多年以前，底特律的一位老师让史蒂夫 · 莫里斯帮助她寻找一只躲在教室里的老鼠。你瞧，这位老师称赞史蒂夫具有班里其他孩子不具备的天赋——虽然他双目失明，但是上天赋予了他敏锐的听觉。史蒂夫得到了人生当中的第一个肯定和赞许。多年后，史蒂夫说正是那一次赞许帮助他振作起来，积极面对新的生活。自那以后，史蒂夫努力发掘自己在听觉方面的天赋，并进行舞台表演，最终成为 19 世纪 70 年代美国最具影响力的流行歌手及音乐创作人。①

看到这里，一些读者可能会说："不就是阿谀奉承、油腔滑调吗？我试过了，有脑子的人根本不吃这一套。"

的确，阿谀奉承对于那些有辨别能力的人来说是行不通的，这种肤浅、自私、虚伪的行为应该也必然会以失败告终。当然，这个世界上也有许多人极度渴望得到赞赏，他们会接受一切溢美之词，就像饿极了的人会饥不择食一样。

就连维多利亚女王也喜欢听人夸赞。英国首相本杰明 · 迪斯雷利承认，他与女王交流时会说很多恭维的话。用他自己的话说叫"夸大其词"。但不可否认的是，迪斯雷利是大英帝国最精明强干的统治者，所以他采用的方法并不一定适合我们。从长远来看，阿谀奉承带来的伤害多于好处。奉承是虚情假意的，它就像一张假币，当你将它支付给别人时，麻烦就会找上门。

赞赏与奉承有什么不同呢？很简单，它们一个是真诚的，一个是

---

① 选自保罗 · 奥朗德所著的《保罗 · 哈维与故事的结尾》。

虚伪的；一个是内心的感慨，一个是嘴皮子功夫；一个是慷慨的，一个是利己的；一个将受人钦佩，一个将遭人唾弃。

我最近参观墨西哥城的查普特佩城堡时，看到了墨西哥英雄阿瓦洛·欧布里根将军的半身雕像，雕像下面刻着欧布里根将军的名言："不怕兵力强盛的敌人，就怕阿谀谄媚的朋友。"

请不要误解我，我不是建议你去阿谀谄媚！绝对不是！相反，我是在谈论一种新的生活方式。请让我重复一遍：我在谈论一种新的生活方式。

白金汉宫书房的墙上悬挂着乔治五世的六则处世箴言，其中一则写道："请教会我既不要赠予也不要接纳廉价的赞美。"没错，这就是奉承的实质——廉价的赞美。我还读过一个关于奉承的定义："奉承，就是确切地说出对方的内在感觉。"

爱默生说："就算用尽所有言辞，你表达的也还是你自己。"

如果我们要做的只是逢迎讨好，那么人人都会这样做，我们大家也都能成为人际关系专家。

当我们没在思考某个具体问题时，通常会把95%的时间用来思考我们自己（的问题）。让我们暂时把自己放在一边，想想他人的优点吧。这样一来，我就无须使用那些未及出口便会被识破的廉价、虚伪的逢迎之言了。

赞美是一种美德，在日常生活中却常常被我们忽视。当孩子从学校拿回全优的成绩单时，我们忘了表扬他们；当孩子第一次烤出蛋糕或成功搭建鸟舍时，我们忘了鼓励他们。其实，孩子最想要的莫过于来自父母的赏识与认可。

下次用餐时，如果你觉得小牛排味道不错，请将你的赞赏告诉主厨。购物时，如果一位疲惫的售货员仍旧非常有礼貌地为你服务，请向他表达感谢。

每个官员、讲师和演说家都有这样的体会：当他们为听众献上的倾情演讲没有得到任何赞美时，他们就会十分沮丧。连专业人士都是如此，那么普通职员、店员、工人或是我们的家人和朋友遇到这种情况就会感到更加失落。与人相处的时候，请不要忘记我们面对的是渴望赞美的情感动物。赞美，是每颗心都向往的温存。

试着在人生的旅途中用感恩的火花铺就一条友善之路，下次再转回到这条路上时，你会惊讶地发现那些火花已经变为友谊的火焰，绚烂绽放。

来自康涅狄格州费尔菲尔德的帕米拉·邓纳姆的职责之一是督促一个门卫干活。这个门卫表现极差，其他员工常常嘲笑他，还朝他看守的走廊里扔垃圾以讽刺他。一切都混乱不堪，因此影响了正常营业时间。

帕米拉为激励门卫干活尝试过许多方法，却都无果而终。她注意到这个门卫在某些方面会做得比较好，于是就找机会在众人面前表扬他。时间一天天过去了，门卫的表现有了好转，他渐渐能够把一切工作做得很到位。现在，他的表现相当出色，还得到了其他员工的认可和赞赏。谴责与嘲笑往往不能改变现状，而真诚的赞美却能带来出人意料的结果。

伤害他人并不能改变其个性，也没有人会提倡这种做法。我曾剪下过一条古老的谚语并把它贴在我的镜子上，让自己每天都看得到它：

> 时光不会倒流。因此，若我能为任何人谋得任何福利，都应立时实行，不推脱也不漠视，因为这一刻过去了就不会重来。

爱默生说："从某种意义上讲，我遇到的每一个人都比我傲慢，而我正是通过这种傲慢才了解他的。"

如果爱默生的境遇真的如此，那我们碰到这种情况的概率岂不更大？请放下自己的功利和欲望，努力发现他人的优点，然后抛开顾忌，真诚地、由衷地赞赏他们。这样，他们会将你的言辞珍藏于心底，不时细细回味——哪怕你自己已经遗忘。

• 原则 2：
真诚且由衷地赞赏他人。

站在他人的角度考虑问题

夏天我常去缅因州钓鱼。我个人非常喜欢用草莓和奶油做鱼饵，但我发现由于某种奇怪的原因，鱼儿更喜欢吃蚯蚓。因此，我在钓鱼时不会考虑自己喜欢用什么，而是会顾及鱼儿的喜好。我不会用草莓和奶油当鱼饵，而是把串着蚯蚓和蚱蜢的鱼钩沉入水中，说："你们不想尝尝吗？"

若想笼络人心，何不采取同样的办法？

"一战"时期，英国首相劳埃德 · 乔治就是这么做的。当时有人问到为什么其他战时领袖如威尔逊、奥兰多、克莱蒙梭已经淡出了人们的记忆，而他却仍然大权在握，他回答道，如果身居高位需要找一个原因的话，那这个原因可能就是他深知与人交往要懂得投其所好。

为什么我们总在谈论自己的需求呢？那是幼稚的行为，很荒唐。当然，你对自己的需求很在意，也会一直在意下去。至于别人，他们不会在意你看重什么，因为他们也像你一样只在意自己的需求。

所以，影响他人的唯一办法就是谈论他们的需求，并告诉他们如何满足这一需求。明天当你想让某人做某事的时候就要记住这一点。

比如说，如果不想让自己的孩子吸烟，你不能对着他们大吼大叫，也不能说你想让他们怎样怎样。你应该告诉孩子，吸烟可能导致他们进不了篮球队，也赢不了百米赛跑。

无论是对待孩子、小牛还是大猩猩，你都应该谨记这一点。有这么一个故事：一天，爱默生和他的儿子试图将一头小牛拉进牛舍，但是无论他们怎么使劲儿，小牛都会往反方向用力。小牛坚守着自己的立场，挺直了腿不肯离开，而父子俩也只顾着自己的意愿，不作任何退让。一个爱尔兰女佣看见父子俩的窘境，便走上前将手指温柔地放在小牛的嘴里，一面让小牛吸吮手指，一面向后退，终于将小牛牵进了牛舍。这位女佣虽然没有多少学问，但是至少在这种情况下她比爱默生更懂得如何与小牛交流，更能考虑到小牛的感受。

从出生那天开始，你的每一个动作就都是为了得到某些东西而做出的，那么对自己给红十字会捐了一大笔款的做法你又作何解释呢？的确，你捐款是因为你想要伸出援手，做一件美好、无私、神圣的事情。在《圣经》中，耶稣如是说：“这些事你们既做在我这弟兄中最小的一个身上，就是做在我身上了。”（《新约 · 马太福音》第 25 章 40 节）

如果对金钱的占有欲超过了对上述情感的渴求，你就不会捐这笔钱了。当然，你捐款也可能是因为羞于拒绝，或是因为某位顾客要求你这么做。但是有一点是肯定的：你之所以捐款是因为你曾渴望得到什么东西。

哈里 · 奥弗斯特里特在《影响人类行为》（*Influencing Human Behavior*）一书中谈道：“行为源自我们最根本的欲望……无论是在商界、在家里、在学校或者在政界，如果你想说服他人，最好的方法就是激起他人的强烈需求。胜者坐拥天下，败者踽踽独行。”

安德鲁 · 卡内基出身贫寒，第一份工作每小时只有两美分，后来却向社会捐献了3.65亿美元。他年轻时就深知影响他人的唯一方法便是“谈人所需”。他只上了4年学，却懂得如何与人相处。

卡内基的嫂子非常担心她的两个儿子：他们在耶鲁大学忙着自己的事情，置母亲的焦急问候于不顾，从来不给家里回信。

卡内基跟人打赌说他有办法让两个侄子回信，并拿出100美元作为赌注。之后，他给侄子写了一篇冗长的信，还装作漫不经心地提到他为两人各寄去了一张5美元钞票。

然而，他并没有在信封内放入钞票。

回信了！侄子在信中写道：“谢谢安德鲁叔叔的关心，可是……”你应该知道后面写了些什么。

来自俄亥俄州克里夫兰市的学员斯坦·诺瓦克给我们带来了另外一个例子。诺瓦克的小儿子蒂姆到了上幼儿园的年纪，可就在开学前一天，下班回到家的诺瓦克看见蒂姆躺在地上又哭又闹，不想去上幼儿园。通常情况下诺瓦克会把儿子赶回房间，告诉他最好识趣一些，作好上学的准备。但是那天晚上，诺瓦克意识到那样做并不能让蒂姆真正愿意上学。于是他坐下来思考：“如果我是蒂姆，我会因为什么而渴望上学呢？”诺瓦克拿出纸和笔，跟妻子一起列出了几项蒂姆可能会喜欢的活动，比如手指绘画、唱歌、交朋友。然后他们开始行动了：

> 我与妻子里尔和大儿子鲍勃开心地趴在餐桌上玩手指绘画。不一会儿，蒂姆就偷偷跑来，躲在角落里张望，接着他又要求参与其中。“哦！这可不行。你得先去幼儿园学习怎么绘画。”我拼尽所有的热情，用浅显的语言为蒂姆讲解了我们列出的所有活动，让他明白上幼儿园就可以享受这些乐趣了。第二天早晨，我原以为自己是起得最早的，可是下了楼却发现蒂姆坐在客厅的椅

子上睡着了。“你在这儿干什么？”我问。“我等着去上幼儿园，我不想迟到。”全家人的齐心努力终于激起了蒂姆上幼儿园的渴望，这种效果是任何说教和威胁都达不到的。

或许，明天你就要劝说他人做某事。在开口之前，先停下来问问自己：“我该怎样让他心甘情愿做这件事呢？”

这个问题能防止我们絮絮叨叨地表达自己的观点，结果却总是适得其反。

我曾经租下某酒店舞厅每个季度 20 天的使用权，用来举办一系列讲座。

就在某一季度的讲座即将开始的时候，酒店突然发来通知要我支付 3 倍于以往的租金。当时门票已经销售一空，通知也已经发出去了。

我自然不愿支付额外的租金，但是去向酒店说明自己的想法又有何用？酒店只在乎自己的利益。几天之后，我约见了酒店经理。

“我收到通知时十分震惊，”我说，“但这完全不怪你。如果我处在你的位置上，可能也会写同样的信。酒店经理的职责就是使酒店的利益最大化，不然会被辞退。如果非要提高租金的话，让我们分析一下这样做会给你带来哪些利益和损失。”

我取来一张信笺，在中间画了一道竖线，左栏写上“利益”，右栏写上“损失”。

我在“利益”下方写上“收回舞厅使用权”，然后解释道：“你可以收回舞厅使用权，再转租给别人举办会议或舞会。这样做将获得很大的收益，因为举办那些活动远比举办讲座挣得多。如果我占用你们的舞厅 20 天，那意味着你将错失几笔大买卖。

“现在，我们来看看提高租金会带来哪些损失。首先，你从我这儿拿到的租金不但不会增加，反而会减少。实际上，你将失去我这个客户，因为我付不起3倍的租金，只能另找地点举办讲座。

“你还将蒙受另外一个损失。我的讲座会吸引无数受过良好教育的绅士来到你们酒店。这对于你们来说是很好的宣传，不是吗？你们即使花5 000美元在报纸上做广告，都无法像我的讲座这样吸引那么多人前来。这种宣传对于酒店来说是十分有价值的，不是吗？”

我一边说，一边将这两点“损失”填在了右栏。我将这张纸递给经理，说道：“我希望您能够权衡利弊，再告诉我您最终的决定。”

第二天，我收到了酒店的答复，告诉我3倍的租金已经取消，取而代之的是50%的上涨幅度。

请注意，我只字未提自己的想法，就赢得了这么大的优惠。整个过程中，我都在谈论他们的需求以及如何满足他们的需求。

假如我当时放任自己愤怒地冲进办公室质问他：“你们这是什么意思？明明知道我们的票已经卖出了，通知已经发了，你们还要求收取3倍的租金，真是荒唐！我是不会付这笔钱的！”

假如是这样，事态将如何发展？一场争吵是在所难免了——你也知道争吵的结果是什么。即使知道自己错了，酒店经理也难以放下尊严屈服让步。

这里有一则关于人际交往艺术的金玉良言。亨利·福特说：“如果说成功有秘诀的话，那就是站在他人的立场上洞悉其想法。”

福特说得太好了，我再重复一遍：“如果说成功有秘诀的话，那就是站在他人的立场上洞悉其想法。”

这个浅显的道理人人都懂，可是世界上有90%的人在90%的情况下都忽视了它。

需要我举个例子吗？明天上午看看你办公桌上的那些信件吧，它们绝大多数都违背了这一常识性准则。我们来读读这封信吧。这是一家广告公司的广播部主管为其分公司电台经理所写的一封信。（在每个段落后面，我都用括号注明了自己的看法。）

亲爱的布兰克先生：

本公司希望在广播业界保持领先地位。

（谁关心你们公司想要什么？我有一大堆事情要操心呢。银行要取消我家的房屋按揭；我种的蜀葵要被虫子吃光了；昨天的股市暴跌；今天早上我错过了8点50分的班车；昨晚琼斯家的舞会没有邀请我；医生说我得了高血压、神经炎，头皮屑也太多了。然后呢，我心烦意乱地走进办公室，打开了信封，却看见那帮自以为是的家伙叫嚣着他们公司想要什么。哼！要是他们意识到自己的信会给别人留下何种印象，肯定无颜在广告界混下去，会立马滚回去生产消毒药水了。）

本公司遍及全美的广告客户为公司营业链提供了保障。本公司在各大电台的广告覆盖率连年保持同行业领先地位。

（你们规模庞大、财力雄厚、行业领先，是吧？那又怎样？即使你们的规模是通用汽车、通用电气和美国陆军总参谋部的总和，我也不会欢呼雀跃。如果你们的智商达到蜂鸟的一半，你们就会发现我关心的是自己的公司多么强大，而不是你们多么强大。你们对自己的成功夸夸其谈，这会让我感觉自己很渺小，无足轻重。）

本公司希望能利用电台信息充分服务于我们的客户。

（你们希望！你们希望！你们是彻头彻尾的大傻瓜。你们的希望或者美国总统的希望跟我有什么关系。我再说一遍，我只对自己的需求感兴趣，而你们这封荒唐可笑的信中对我的需求却只字未提。）

您能将本公司列入每周电台信息的优先选择名单吗？巧妙安

排预定时间中的每个细节对本公司而言十分重要。

（“优先选择名单”，你还真敢说！你先一个劲儿地夸耀自己公司，让我自惭形秽。现在又要我把你列入“优先选择名单”，提出这个要求连一个“请”字都没说。）

请即予函复，并通报贵电台最近的业务状况，以利于双方交流。

（你这蠢货！你寄给我这种廉价的套用信函——这种像秋叶一样四处散落的套用信函——还要求我不顾自己的房屋按揭、蜀葵和高血压，坐下来写一封信答复。你还要求“即予函复”，“即予”是什么意思？我可不比你清闲。好吧，我们就事论事，你有什么权力命令我做事？你说“以利于双方交流”，好，你终于开始顾及我的感受了，可是连你自己都不清楚这件事对我究竟有何好处。）

约翰·多伊

附：内附一份复印件，选自《布兰克威尔期刊》。这份复印件的内容应该对您的胃口，也许您愿意在贵电台播出这个信息。

（你终于在附言里说了点有用的，你给我的这份复印件兴许能为我解决一件烦心事。为什么不在信的开头就说这件事？其实说了也没多大用处。你一定是脑子有问题，所以才在信中说尽了蠢话。你需要的并不是一张业务状况表，而是一斤碘酒来治疗你的甲状腺肿大问题。）

你看，那些投身广告业的人总是摆出一副很明白销售之道的模样，可是就连他们写出的信都是这个样子，我们又怎能指望屠夫、面包师或汽车修理工写出多得体的信件呢？

下面这封信是我的一位学员爱德华·韦尔米伦收到的，这封信是大型货运站的一位主管写来的。这封信会给收信人带来什么样的感受呢？请先读读这封信，然后我会告诉你。

> 尊敬的爱德华·韦尔米伦先生：
>
> 由于大部分货物会在傍晚同时抵达，导致我公司收货站的运作陷入了瘫痪，大批货物堆积，员工加班劳作，货车班时也有所延误，并造成某些交货延迟的现象。贵公司于11月10日送来的510件货物，我们是在下午4点20分收货的。
>
> 在此，我们恳请贵公司给予合作，以减轻延迟交货造成的后果。今后，若有大宗货物需要运送，贵公司可否提早发货，或者安排部分货物上午抵达？
>
> 如此变动对贵公司非常有利：贵公司的货运卡车不仅能够及时返回，我们还可以保证贵公司的货物在到货当天便可实现配送。
>
> 最真诚的
>
> 主管J. B.

读罢此信，担任该公司销售经理的韦尔米伦先生将这封信寄给了我，并随信寄来了下面这番评论：

> 这封信的效果适得其反。信的开头阐述了货运站遇到的困难，而通常来讲我们并不关心这些。接着，他们要求我们合作，却没有考虑到这样做可能会给我们带来不便。这封信的最后一段总算提到与他们合作意味着货物的及时到达和配送了。
>
> 换句话说，直到最后他才提及我们最关心的事情。读完这封信，我们心里产生的是反感，而不是合作的欲望。

我们看看这封信是不是还有修改的余地。这次可别再浪费时间一味谈自己的难处了，要像亨利·福特告诫的那样，“站在他人的立场上洞悉其想法”。

下面是这封信的一个修改版本。或许这个版本并不是最佳版本，但它何尝不是一种改进呢？

亲爱的韦尔米伦先生：

14 年来，贵公司一直是我们亲密的合作伙伴。我们十分感激您的惠顾，也渴望为您提供最便捷、高效的服务。然而遗憾的是，如果你们像 11 月 10 日那样将大宗货物在傍晚时分送达，我们就无法对优质的服务作出保证了。因为许多客户都在这个时间段送来货物，这就导致了货物堆积。您的货物将不可避免地滞留在码头，无法及时卸货，有时还会造成配送延迟。

这种情况虽然糟糕，却是可以解决的。如果您尽可能在上午将货物送达，那么您的货车就能够畅通无阻地进入码头，这样我们就能及时配送您的货物，我们的员工也能按时下班，与家人一同享用贵公司生产的美味通心粉和面条了。

当然，无论您的货物何时送达，我们都会尽最大的努力为您提供快捷的服务。我们知道您工作繁忙，所以不必费心回信。

最真诚的

主管 J. B.

芭芭拉 · 安德森在纽约一家银行工作，由于儿子身体欠佳，她想迁到亚利桑那州的凤凰城生活。她运用从我们课程中学到的原理给凤凰城的 12 家银行写了下面这封求职信：

亲爱的先生：

我有 10 年的银行工作经验，相信像贵行这样飞速发展的银行会对我这样的应聘者感兴趣的。

目前，我担任纽约一家信托银行的分行经理。我各方面的业务能力都比较突出，能够胜任银行的各项工作，例如储户关系、信贷业务、行政管理等。

我将于5月定居凤凰城，我相信我能为贵行的发展和收益献出绵薄之力。4月3日我会去凤凰城，届时如有机会向贵行展示我的能力，向你们阐述我将如何助贵行达成各项目标，我将不胜感激。

最真诚的

芭芭拉·安德森

你认为安德森夫人会收到回复吗？事实上，12家银行中有11家向她抛出了橄榄枝，她还有很大的选择余地。为什么会这样？因为安德森夫人没有陈述她想要什么，而是重点说明了她能够帮助银行做些什么。

如今，成千上万的销售人员在行业中举步维艰，他们的任务重、报酬低，因此灰心丧气。为什么呢？因为他们常常只想着自己想要什么，却没有意识到别人并不需要购买任何东西。如果我们需要某件东西，就会出门去买。但是有一点是肯定的，那就是我们买卖双方永远都只想着解决自己的问题。如果销售人员能够向我们展示他们的产品或服务能够帮助我们解决难题，那么，根本不用他们劝说我们就会主动购买他们的产品。消费者都希望这些东西是自己心甘情愿买的，而不是销售人员硬卖给我们的。

然而，许多卖了一辈子东西的销售人员却从未从消费者的角度考虑过问题。举个例子吧。我在纽约“森林山庄”私人社区住过许多年，这是个位于大纽约区中心的小住宅区。一天，我匆忙赶往车站的时候，遇上了一位从业多年的房地产商。这位先生一直在这一带从事地产交易，他非常了解“森林山庄”小区的情况，因此我在匆忙中问他我的灰泥墙房屋是不是用钢筋和空心砖筑成的，他说他不知道，建议我打电话给森林山庄房屋协会询问这件事——这种途径我早就知道了。第二天上午他寄来一封信，是为了告知我要的信息吗？不是。他本可以打电话问问这事然后告诉我答案，这不过是一分钟的事，可他并没有这么做。在信中，他再一次告诉我可以打电话咨询这个问题，接着就劝我让他做我的保险经理人。

他根本不关心我的疑虑，只关心自己的业绩。

来自亚拉巴马州伯明翰市的霍华德·卢卡斯为我们讲述了同一家公司的两位销售人员应对同一类型问题的经过。卢卡斯说：

> 几年前，我在一家小公司做管理工作。我们公司附近是一家大型保险公司的地区总部。这家保险公司为推销员分配了不同的销售区域，负责我们公司所在区域的是推销员卡尔和约翰。
>
> 一天早晨，卡尔来我们公司推广业务，他提到，他们公司为广大行政主管推出了一款新型人寿保险。他说我们对这款新型保险可能会感兴趣，等他得到更多信息就来告诉我们。
>
> 就在当天，约翰在喝完咖啡之后回办公室的路上遇见了我们，他大声喊："嘿！卢卡斯，等一等。我要告诉你们一个好消息。"他急忙走过来，说了他们公司为广大行政主管推出人寿保险的事（就是卡尔提到的那款保险），他希望我们成为第一批投保人。解释完保险的覆盖范围之后，他说："这款保险刚刚推出，有些细节我也不明白，明天我让公司总部的人过来为你们详细介绍一下。现在我们先把申请表填了吧，有了你们的信息，他的介绍就可以更具针对性了。"尽管我们仍旧没有得到这款保险的详细信息，但是约翰的热情使我们非常想了解这款新险种。后来我们了解到这款保险的详情，这些详情也证实了约翰最初对这个

险种的解读是正确的。最终，他不但成功卖给我们每个人一份保险，后来还使我们的保费总额翻了一番。

卡尔本来可以售出保险，但是他没有尽力激起我们购买这份保险的欲望。

这个世界上到处都是贪婪成性、只顾自己的庸碌之辈，所以，那极少数乐于无私奉献的人反而会有更大的成就。著名律师、伟大的商业领袖欧文·杨曾经说过："那些能够设身处地为他人着想、觉察他人所需的人，从来不必为前途担忧。"

即使你通过读本书只学会了一件事，即越来越懂得站在他人的立场、从他人的角度看问题。如果你从书中学到了这一点，你很快就会发现这个收获将是你事业成功不可或缺的因素。

站在他人的立场，激发他人强烈的欲望，这样做并不意味着你可以损害他人利益、操控他人为你所用。每一方都应从协商中获益。就拿韦尔米伦先生收到的信来说，提早送货会为发货方和收货方双方都带来便利。一封得体的求职信也创造了双赢的局面——银行谋得了人才，安德森夫人找到了心仪的工作。约翰与卢卡斯先生之间的保险交易亦是如此。

下面的例子更能说明这个道理。迈克尔·惠登是壳牌石油公司的区域推销员。他梦想成为区域销售冠军，却被一家加油站拖住了后腿。这家加油站的经理不肯花钱装修加油站，陈旧的设备留不住顾客，销售额自然上不去。

迈克尔央求过经理升级设备，无奈经理总是不为所动。于是，迈克尔决定带领他参观辖区内最先进的加油站。

新加油站的现代化设施给这个经理留下了深刻的印象。迈克尔再次拜访时，经理的加油站已经焕然一新，销售额也节节攀升，迈克尔顺利夺得了区域销售冠军。好心的劝说不曾动摇经理的想法，一次参观却激发了他内心的渴望。终于，经理和迈克尔双双获利。

大多数人进入大学品读维吉尔的诗篇，研究微积分的奥秘，却未能察觉自己思维的运作模式。举个例子，我曾为一群即将进入大型空调生产商开利公司工作的年轻毕业生上过一门“有效演讲”的课。一位学员想要邀请大家课余时间一起打篮球，他是这么说的：“我希望你们能出来打篮球。我喜欢打篮球。前几次我去了体育馆，可那里都凑不足人，根本玩不起来。前两天晚上，我们两三个人胡乱扔球玩，结果我落了个乌眼青。所以我希望在座的各位明晚都来，我真的很想打篮球。”

他顾及你的感受了吗？你并不想去没人去的体育馆，不是吗？他的渴望与你无关，你才不想把眼睛弄成熊猫眼呢。

他完全可以为你描述一下那座体育馆能满足你的哪些需求，比如说增强食欲、振奋精神、强身健体、游戏娱乐等，而他并没有这么做。

我们来重温一遍奥弗斯特里特教授的忠告吧：如果你想说服他人，最好的方法就是激起他人强烈的愿望。胜者坐拥天下，败者踽踽独行。

一位学员非常担心孩子的身体健康。他的孩子骨瘦如柴，每天只吃一点儿食物。父母用惯常的法子埋怨他、斥责他，“妈妈想让你吃这吃那”，“爸爸想让你快点成为男子汉”。

孩子听得进父母的唠叨吗？那些话就像一阵风，在耳边呼啸而过。

任何有点常识的人都不会指望 3 岁的孩子会对 30 岁的父亲言听计从，可是那位父亲却有这样的期待。这确实荒唐。幸亏他后来意识到这一点，他问自己：“孩子想要什么呢？我怎样才能将自己的愿望与孩子的愿望联系起来？”

父亲很快找到了答案。孩子喜欢骑着三轮脚踏车在布鲁克林的街道上玩耍，住在那儿附近的一个胖男孩总爱欺负他，抢他的车玩。

通常情况下，这个小男孩会尖声哭着跑到妈妈身边，而妈妈就得站出来替孩子出气，把那个胖男孩从三轮脚踏车上拽下来，再把自己的孩子抱回车上。这一幕几乎天天发生。

这个小男孩想要什么呢？这个问题并不复杂，普通人都答得出。孩子天性中固有的自尊、愤怒和自重感等最强烈的欲望都激励他去复仇，想给胖男孩的鼻子来一拳。爸爸向孩子保证，只要他按妈妈的要求乖乖吃饭，有一天他就能将胖男孩打得落花流水。从那以后，孩子的饮食习惯日趋正常，连菠菜、酸白菜、盐烧青花鱼都爱吃了，只要是能让自己变强壮的食物他都吃。他相信总有一天他会足够强壮，可以去修理那个过去总是羞辱自己的胖子。

接着，父母又纠正了孩子身上的另一个毛病：尿床。

这个孩子晚上跟着奶奶睡觉。早晨醒来，奶奶总会摸着湿漉漉的床单说：“嘿，约翰尼，瞧瞧你昨晚干的好事。”

孩子就会争辩说：“不，我没有尿床，是你尿床了。”

斥责、打屁股、羞辱、一再重申不能尿床，所有办法都用上了，孩子还是老样子。父母琢磨着：“怎样才能纠正孩子尿床的毛病呢？”

孩子想要什么呢？首先，他想穿爸爸那样的睡衣，而不是像奶奶一样穿大睡袍。奶奶担心孩子夜间尿床，于是答应给孩子买一套睡衣，前提是不能再尿床了。其次，孩子想要一张属于自己的床，奶奶也没有反对。

妈妈带孩子来到百货商店，对女售货员眨眨眼睛，说道：“这位小先生想买些东西。”

女售货员问：“小先生，你想买什么呢？”

孩子感觉受到了重视，踮起脚尖回答："我想买一张自己的床。"

第二天床送到了。晚上，爸爸刚踏入家门，孩子就冲到门口大喊："爸爸！爸爸！快来看看我买的床！"

爸爸望着床，像查尔斯·施瓦布劝告的那样，衷心地称赞，毫不吝惜赞美之词。

"你不会再尿床了，对吧？"爸爸问。"不会，一定不会了！我才不会弄湿这张床呢。"孩子遵守了诺言，因为这关系到他的尊严。这张床是属于他的，也是由他自己挑选的，况且他都像个男人一样穿着睡衣睡觉了。他希望自己像个真正的男子汉，他做到了。

我的另一位学员杜奇曼也为孩子的事情一筹莫展。他的女儿3岁了，不爱吃早餐，无论是斥责、恳请还是哄骗都无济于事。他开始思考："怎样才能让孩子主动吃早餐呢？"

这个小女孩平时喜欢装扮成大人的模样，妈妈就是她的模仿对象。一天早晨，妈妈搬来凳子，让孩子站在上面跟妈妈一起做早饭。孩子在搅拌麦片的时候，爸爸特意走进厨房，孩子兴奋地说："爸爸，快看，今天的麦片是我做的。"

那天，孩子一口气吃了两份麦片。无须哄骗，因为孩子乐在其中。做麦片给孩子带来了成就感，也为孩子提供了证明自己的途径。

威廉·温特曾说："人类本性中最根本的需求是证明自己。"那么，为什么不在商务谈判中把握对方的这种心理呢？当我们有了好主意，不一定要将它作为自己的想法展示出来，最好的办法是激发他人，让他人自己想出同样的主意。他们会喜欢上这个"独创"的主意，也可能会一下子想到两个主意呢。

记住这句话："如果你想说服他人，最好的方法就是激起他人强烈的需求。胜者坐拥天下，败者踽踽独行。"

• 原则 3：

站在他人的角度考虑问题。

温馨小结　　**与人相处的基本技巧包含下列 3 个原则：**

- 原则 1：不要批评、谴责、埋怨他人。
- 原则 2：真诚且由衷地赞赏他人。
- 原则 3：站在他人的角度考虑问题。

第二章

如何赢得他人的喜爱

HOW TO
WIN FRIENDS
AND INFLUENCE PEOPLE

真心关注他人

想寻求交友之道为何需要读这本书呢？为什么不向世界上朋友最多的人学习交友技巧呢？可是他是谁呢？你或许会在街上遇见他。当你和他只有一步之遥的时候，他就会开始对你摇尾巴了。要是你能停下来拍拍他，他可能会高兴地跳起来，让你知道他有多喜欢你。而且你也知道，在这般示好的背后并没有什么其他动机：他不想卖你房子，也不想和你结婚。没错，这位仁兄就是人类的好朋友——狗。

你是否想过，狗可能是世界上唯一一种不需要谋生的动物。鸡要生蛋，奶牛要产奶，就连金丝雀都要歌唱，但狗却只需要爱你，剩下的什么都不用做。

在我 5 岁的时候，我父亲花了 50 美分给我买了一只黄色的小狗，它给我的童年带来了轻松与欢乐。每天下午 4 点半左右，它都会在院子里规规矩矩地坐好，漂亮的双眼盯着小路，一听见我的声音或是看见我拿着饭盒穿过灌木丛，它都会像离弦的箭一样冲出来迎接我，高兴地在我身边跑跑跳跳，狂喜地叫。它的名字叫提比。

提比整整陪伴了我 5 年，然后在一个很悲剧的夜晚，我永远都不会忘记那个夜晚，它在距离我脚边 10 英尺的地方被雷劈死了。提比的死是我童年时最悲伤的事情。

提比从未读过什么心理学书籍，也不需要读。它那神圣的直觉告诉它，只要真诚地关注他人，在两个月内交到的朋友会比那些挖空心思吸引别人注意的人在两年内交到的朋友都多。让我再重复一遍，你只要真诚地关注他人，你在两个月内交到的朋友会比那些挖空心思吸引别人注意的人在两年内交到的朋友都多。

然而，你我都认识一些浑浑噩噩过生活的人，他们极力讨好他人，只为吸引大家的注意。

当然了，这招并不管用。别人不会关心你，他们也不会关心我。他们只在意自己——无论是在早上、中午还是晚饭后，天天如此。

纽约电话公司曾对人们的电话交流作过详细调查，想研究一下什么词在电话交谈中使用频率最高。你可能猜不到，居然是人称代词“我”。“我”这个词在500通电话中曾使用了3 900次。想想看，当你看一张包括自己在内的集体合影时，最先会看到谁的脸？

如果我们只是绞尽脑汁让别人记住我们、对我们产生兴趣，就一定不会有任何真诚的、知心的朋友。友谊，尤其是真正的友谊，绝不是这样建立的。

拿破仑曾经试过这招，他在和约瑟芬最后一次见面时说道：“约瑟芬，我曾经比世界上的任何一个人都幸运，但是在此刻，你才是我在这个世界上唯一可以依靠的人。”尽管历史学家们依然怀疑他是否真的能依靠约瑟芬。

维也纳著名心理学家阿尔弗雷德·阿德勒曾写过《生活的意义》（*What Life Should Mean to You*）。在这本书里，他写道：“那些对身边伙伴毫无兴趣的人总会在生活中碰到很多困难，也总会给身边的人带来很大的伤害。这些人是整个人类走向失败的源头。”

也许你曾读过许多心理学方面的宏伟巨作，却从未从中看到这样一句对你我更有意义的话。阿德勒的那句话寓意深刻，我想再为你复述一遍：

> 那些对身边伙伴毫无兴趣的人总会在生活中碰到很多困难，也总会给身边的人带来很大的伤害。这些人是整个人类走向失败的源头。

我曾经在纽约大学学习故事写作，有一位老师是一家知名杂志的编辑。他曾经在课上对我们说，他每天都从满桌子几十篇故事中随便挑出一篇来读，粗略读几段，他就能感觉到作者是不是关心身边的人，“如果作者对身边的人都漠不关心，那么人们也不会喜欢他的作品”。

这位见多识广的编辑在讲授小说写作时两次停下来向我们道歉，说他不过是在给我们讲一些人人都能讲的东西罢了。他说：“我给你们讲的这些东西与你们的牧师讲的一样，但你们一定要记住，你们得真正关心别人，这样写出来的小说才能成功。”

如果小说写作是这样，那么人际交往亦是如此。

霍华德·萨士顿最后一次在百老汇表演的时候，我曾经到他的更衣室里待了一晚上。萨士顿是个著名魔术师，40 年间他周游世界，一次又一次地创造魔幻奇迹，令观众为之着迷、惊异。全球超过 6 000 万人曾经亲临现场观看过他的表演，他也获得了近 200 万美元的收入。

我曾问过萨士顿先生他成功的秘诀是什么。他的求学经历显然和他的成功没什么关系，因为他很小就离家出走，成了一个流浪汉。他坐过大篷车，睡过草垛，挨家挨户地讨饭吃；他认识的字都是在坐大篷车的时候从路边的标志牌上学来的。

他了解很多魔术知识吗？不，并非如此。他告诉我关于魔术的书籍有成百上千本，也有很多人和他一样读过这些书，但他拥有其他人不具备的两个特点。第一，他拥有在舞台上展示自己个人魅力的能力。他是个天生的表演者，他了解人性。他的每一个动作，每一个手势，语调上的每一次变化，甚至每一次表情变化都是提前精心演练过的，他的表演动作甚至会精确到秒。第二个特点是，萨士顿真正关心观众的需求。他告诉我，很多魔术师在上台之前都会看着观众对自己说："看，下面坐了一群笨蛋，什么都不懂，晚上我可以好好愚弄他们一下。"但萨士顿的方法截然不同，每一次登台之前，他都会对自己说："我非常感谢这些人能来看我的表演，是他们让我衣食无忧。我今天晚上要让他们看到我最好的表演。"

萨士顿称，每次登台表演之前他都会一遍一遍地对自己说："我爱我的观众，我爱我的观众。"荒唐吗？匪夷所思吗？随你怎么想。我只是为你陈述一个事实，一个世界著名魔术师如何赢得观众的事实。

乔治 · 戴克在一家高速公路服务站工作了 30 年，但由于相关部门要在该服务站的位置上建一条新的高速公路，他只得提前退休。退休后不久，他就发现自己实在无法忍受无所事事的退休生活，于是重新拾起之前的爱好——拉小提琴，以此来消磨时光。不久之后，他便各处旅行，听音乐会，与很多小提琴大师进行交流。他谦恭有礼，对小提琴的知识很感兴趣，也希望能多多了解他见过的这些音乐家。尽管他本人还不是一个出色的小提琴演奏者，但他在这个领域结识了很多朋友。参加过多场比赛之后，他很快就在美国东部的乡村音乐迷中小有名气，被称为"乔治大叔，昆山郡的小提琴手"。我们听说"乔治大叔"的时候，他已经 72 岁了，正在享受生活的每一天。他时刻保持着对身边人的兴致。就这样，他在许多人已碌碌无为的年纪又开创了自己的新生活。

而这也是西奥多 · 罗斯福颇受欢迎的秘诀之一。罗斯福的贴身男仆詹姆斯 · 阿莫斯曾经写过一本书——《西奥多 · 罗斯福：男仆眼中的英雄》。阿莫斯在书中讲述了这个颇具启发性的故事：

我太太曾经向总统先生请教某种美洲鹑是什么样子的，因为她从未见过这种动物，总统先生很详细地向她描述了这种动物。过了几天，我们小屋的电话响了。（阿莫斯和他太太住的小屋位于罗斯福总统牡蛎湾的宅邸边上。）我太太接了电话，居然是罗斯福先生打来的。他说，现在我们屋外就有一只美洲鹑，如果她向外看，可能就会看到它了。罗斯福先生总是喜欢制造这样的小惊喜。每次他路过我们的小屋，就算没有碰上面，我们也能听到他喊"你好吗，安妮"、"你好吗，詹姆斯"，每次路过，他都会和善地跟我们打招呼。

人们怎么会疏远这样的人呢？人们怎么会不喜欢这样的人呢？有一次，罗斯福先生到白宫来拜访，恰巧塔夫脱总统和夫人都不在，于是他慰问了所有还在白宫工作的服务人员，就连洗碗的女仆他都能叫出名字来。可想而知，罗斯福先生对我们这些平民百姓有多么热爱。

前总统塔夫脱的好友阿奇·巴特写道："当罗斯福先生看见厨房女仆爱丽丝的时候，问她现在还做不做玉米面包。爱丽丝告诉罗斯福先生她现在只做给仆人们吃，主人们不吃这种面包了。"

"'他们没有品位，'罗斯福说，'我看到总统先生的时候就这么告诉他。'

"爱丽丝给他拿了一片玉米面包放在盘子里，罗斯福先生一边走向办公室一边吃面包，还问候了园丁和工人们……

"他就像从前一样称呼每个人。艾克·胡佛是白宫的首席接待员，已经在白宫工作了40年。他含着眼泪说：'这是我们这两年来唯一的一天快乐时光，就算用100美元和我们交换今天的快乐，我们都不会换。'"

对看似并不重要的人表现出关切之意的做法也帮了小爱德

华·塞克斯的大忙，他是新泽西州查塔姆市的一名销售人员。他就曾因为这样的举动而达成了一笔交易。他说：“几年前，我到马萨诸塞州去拜访强生公司的客户。有一个客户在新厄姆开了一家药店。每次我去那家店的时候都会和卖饮品的店员以及销售人员打声招呼，聊上几分钟，然后再和店主讨论订单的问题。有一次，我到那家店拜访那个店主，他告诉我他不想再买强生公司的产品了，因为他觉得强生公司把销售重点转移到食品和折扣商店上了，这对小药店来讲是十分不利的，所以他希望我能马上离开。我灰溜溜地走了，开车在城里绕了好几个小时。最后我下定决心再去那家店碰碰运气，至少和店主解释一下我们的处境。”

“当我回到那家药店的时候，我和往常一样，一进门就和卖饮品的店员以及销售人员打了个招呼。当我走向店主的时候，他竟然笑着欢迎了我，然后下了比往常多一倍的订单。我惊讶极了，问他在我走后这几个小时内究竟发生了什么。他指着卖饮品的店员说，我走之后，那个男孩对他说我是唯一一个能花时间和店员打招呼的销售人员。他对店主说，如果有哪个销售人员应当拿到这单生意的话，那就非我莫属。店主认同他的看法，后来一直都是我的忠实客户。我永远不会忘记真诚地关注他人是一个销售人员最为重要的品质，对任何人而言这一点都是最重要的。”

我本人的经验证明，如果你能真正关注他人的话，你甚至有可能得到广受欢迎的人的关注，从而愿意与你交流、与你合作。下面我举个例子来说明这一点。

几年前，我在布鲁克林艺术与科学学院开设小说创作课。我们想请一些著名作家来课堂上分享他们的写作经验，凯瑟琳·诺里斯、范妮·赫斯特、艾达·塔贝尔、阿尔伯特·佩森·特修，以及鲁伯特·休斯这样工作繁忙的作家都在我们的邀请之列。我们写信向他们表达了我们对其作品的仰慕之情，并表示我们十分希望能得到他们的建议，学习他们成功的秘诀。

寄出去的每封信上都签有全班150个学员的名字。我们在信中写道，因为知道这些作家很忙，来不及准备演讲内容，所以我们随信附上一张写满了问题的单子，希望他们能回答这些与他们本人或是他们的写作方法有关的问题。他们十分喜欢我们这种问答方式。这种细致周到的做法又有谁会不喜欢呢？所以，他们特意赶到布鲁克林，来助我们一臂之力。

通过同样的方法，我又说服了西奥多·罗斯福政府的财政部长莱丝丽·肖、塔夫脱政府的首席检察官乔治·齐曼、威廉·詹宁斯·布莱恩、富兰克林·罗斯福以及其他许多知名人士来到我的公共演讲课上与学生交流。

工厂里的工人、办公室职员甚至是身居宝座的王者，所有人都喜欢那些仰慕自己的人。以德国国王威廉一世为例，“一战”结束时，他可能是世界上最残忍、最受人鄙视的人。在他逃往荷兰以求苟且偷生的时候，德国的民众都奋起声讨他。然而就在愤怒的人群中，有一个小男孩给这位独裁者写了一封信，简单而又真诚地表达了自己对他的友善及仰慕之情。这个小男孩说，无论别人怎么想，他都会永远爱戴威廉一世。国王被这封信深深地感动了，他邀请这个孩子到他那里做客。这个男孩和妈妈一起觐见了国王，最终国王和他母亲喜结连理。这个孩子根本就不需要通过读书去了解交友和沟通之道，他天生就知道应该怎么做。

如果我们真的想交朋友，那就尽心尽力去为其他人做些事情吧，做一些需要花费时间、花费精力、无私而又体贴的事情。当温莎公爵还是威尔士王子的时候，按照行程他需要出访南美洲。此次出访之前，他花了好几个月学习西班牙语，就是为了在南美洲的时候能用当地的语言作公开演讲，而南美洲的人民也因此十分喜爱他。

多年来，我都坚持弄清楚所有朋友的生日。这是如何办到的呢？尽管我对星座之说没有丝毫了解，也并不相信，但每次我都会问他们是否相信出生日期和人的脾气秉性有关系，接着我就会问他们的生日。如果对方告诉了我，比如说 11 月 24 号，我就会一直重复“11 月 24 号，11 月 24 号”。朋友一转身，我便会记下他的名字和生日，之后记在我的本子上。每年伊始，我都会在电子日历上标注这些日期。每当有朋友过生日的时候，电子日历就会自动提醒我。所以，朋友在过生日的时候总会收到我的生日贺信或是电报。这是多么大的触动啊！

如果我们想交朋友，那就要热情地与他人打招呼，打电话的时候也是一样。接电话的时候，说“你好”的音调要十分愉悦，要让对方感受到你接到他的来电非常开心。许多公司都训练他们的接线员用一种关切、热情的语调接听电话。这时候，打电话的人就会认为公司是真正关心他们的。请大家一定记住这一点，明天接电话的时候就用上吧。

对他人表现出真正的关怀不仅会为你带来友谊，也会为你的公司带来忠诚的客户。北美国家银行纽约分行发行的刊物中就刊登了一位名叫马德琳·罗斯戴尔的储户的来信，信中写道：

> 我想让你们知道我有多么感激贵公司的员工。贵公司的每位员工都对我关怀备至，礼遇有加。他们帮助我处理了各种问题，看到柜员那张欢迎你的笑脸真是件非常美好的事情！
>
> 去年，我母亲因病住院 5 个月。我到银行办事时经常接待我的那个柜员玛丽·彼得瑟罗十分关心我母亲，总是问起她的情况。

毫无疑问，罗斯戴尔太太一定会继续和这家银行合作。

查尔斯·华特在纽约市的一家大型银行工作。一次，他接到了一项任务，要求他对一家公司进行秘密调查。他急需了解一些情况，而据他所知，这些情况只有一位总裁知道。于是，华特先生便去拜访这个人。当华特先生被带进这位总裁的办公室的时候，一位年轻女士探头进来，告诉总裁她今天没找到什么好邮票给他。

“我在替我12岁的儿子集邮呢。”总裁先生对华特先生解释道。

华特先生讲明来意后便开始问问题，但是那位总裁却含糊其词，回答很笼统。他并不想谈论这些事情，很明显也没有什么能迫使他开口谈论这些事情。这次拜访很短暂，收获也少得可怜。

“坦白说，当时我真不知道该怎么办才好。”华特先生在课堂上为同学们讲述这个故事时这样说，“然后我想起来他秘书的话——邮票、12岁的儿子……我突然想到我们银行国际部经常和世界各地通信，有不少外国邮票正好可以派上用场。

“第二天下午我再次拜访了这位先生，告诉他我有一些邮票，特意带来给他的儿子。你说我是不是会受到热烈的欢迎呢？那是自然的了。他紧握着我的手，他的脸上满是喜悦的笑容，不停翻看着那些邮票。他一再说：‘我们家乔治一定会喜欢这一张的。这张更好、更稀有啊！’

“我们花了半个小时讨论这些邮票，还看了他儿子的照片。然后都没用我开口，他就花了不止半小时帮我找我需要的信息，又把他知道的所有信息都告诉了我，还打电话把他的职员叫来询问，接着又给他的朋友打电话。他为我提供了所有相关的事实、数据、各项报告及函电。用记者的话来讲，我拿到了独家消息，收获颇丰。”

下面我们来看另一个例子：

来自费城的克纳夫多年来一直致力于向一家大型连锁公司推销煤

炭，但是这家连锁公司仍旧坚持从城外的一个经销商那里购买煤炭，而且运煤车每次都要从克纳夫的办公室门口经过。有一晚在我的一堂课之前，克纳夫先生在课堂上大发牢骚，痛骂那些连锁店，就好像它们是全民公敌一样。

只是他仍然很纳闷儿，为什么那些连锁店不从他这里购买燃料呢？

于是，我建议他换一种销售策略试试。简而言之，我的方法是这样的。我们把班级里的学员分成两组展开了一次辩论会，辩题是：发展连锁店业务对国家来说弊多利少。

依照我的建议，克纳夫先生选择了反方，承认连锁店对国家有益。为了赢得这场辩论，本来对那家公司不屑一顾的他直接去了那家连锁店的经理办公室。“我不是来推销煤的，我是来向您求助的。”他告诉经理他正在参加这样一场辩论赛，“我来找您寻求帮助，因为我实在不知道除了您之外还有谁能为我提供我想要的资料。我非常想赢得这场辩论，如果您能帮我的话，我会感激不尽的。”

克纳夫先生是这样讲述接下来的故事的：

> 我请求这位经理给我一分钟时间，绝不超时，这样他才肯见我。在我说明来意之后，他却让我坐下，和我整整谈了 1 小时 47 分钟，还找来一位行政主管跟我谈，这位主管曾经写过一本有关连锁店的书。他又写信给全国连锁店协会，为我找来不少这方面的辩论资料。他觉得连锁店经营才能真正服务于社会，也对他为几百个社区所做的贡献而感到骄傲和自豪。在谈到这些问题的时候，他的眼睛闪耀着热忱的光芒。而我不得不承认，他开阔了我的眼界，让我看到了一些我之前做梦都没想过的问题。他完全让我改变了我的思想和态度。我离开的时候，他送我到门口，

拍拍我的肩膀祝我好运，还邀请我下次再来拜访他，告诉他我辩论的结果如何。最后他对我说："明年春天的时候请一定再来，我很愿意在您那儿订购煤。"

对我来说，这简直就是个奇迹。都没用我推销，他就主动要在我这儿买煤。在过去的10年里，我想尽办法让他对我和我的产品产生兴趣，却都徒劳无功。但当我真正关心他、关注他面临的问题的时候，我在两个小时内取得的突破比过去10年都要多。

其实，克纳夫先生发现的这一真理早在耶稣诞生几百年前就有人发现了，他就是著名的罗马诗人普珀里琉斯·西鲁斯（Publilius Syrus）。他曾说过："只有当别人关注我们的时候，我们才会关注他人。"

就像其他处理人际关系的准则一样，关心他人的做法也一定要发自内心。这样做不仅会为关注他人的人带来好处，对被关注的人也会有所助益。这是个双赢的过程，双方均可受益。

马丁·金斯堡参加了我们的培训课程。他在课上讲述了一位特别关注他的护士是如何深刻影响了他的人生的：

10岁那年的感恩节，我在一家市立医院的福利病房里住院，第二天就要做手术。我知道自己即将面对的是几个月的康复期、卧床休息，还有极大的痛苦。我父亲过世了，母亲和我挤在一间小屋子里靠救济金生活。母亲那天无法来看我。

那天，看着太阳一点点西沉，我感到越来越孤独、越来越绝望、越来越害怕。我知道母亲正在家里独自一人担心着我的情况，身边连个做伴的人都没有。肯定也没人陪她一起吃饭，她甚至可能连准备感恩节晚餐的钱都拿不出来。

我的眼泪滚滚而下，我把脑袋埋在枕头里，虽然没有哭出声，却哭得很伤心，整个人都沉浸在巨大的悲痛之中。

这时，一个年轻的实习护士听到了我的抽泣声，走过来看我。她把枕头从我的头上拿开，帮我擦眼泪。她告诉我她那天也很孤独，因为她得工作，不能和家人在一起。她问我晚上愿不愿意和她共进晚餐。她带了两大盘吃的：火鸡切片、土豆泥、树莓酱，还有甜点冰激凌。她和我聊天，让我不再害怕。尽管她下午4点就可以下班，但她还是待到将近晚上11点。她和我一起做游戏，和我聊天，陪着我直到我进入梦乡。

自那以后，我度过一个又一个感恩节，但每一次我都会想起那个特别的感恩节，想起当时的挫败、恐惧和孤独，而那份来自那位陌生人的温暖和温柔会让日子好过很多。

如果你想得到他人的喜爱，如果你想建立真正的友谊，如果你想在帮助自己的同时也帮助他人，那就记住下面这点：

• 原则1：

真心关注他人。

微笑，微笑

在纽约的一次晚宴上，一位继承了大笔财产的女士急于给赴宴的其他客人留个好印象，于是她花大价钱买了貂皮大衣、钻石和珍珠来打扮自己，但她的脸上写满了嫉妒与自私。她不了解一个众人皆知的真理，即面部表情永远都比身上穿的衣服更重要。

查尔斯·施瓦布告诉我，他的笑容值100万美元。而他很可能低估了这条真理的价值，因为正是施瓦布的人格魅力成就了他非凡的业绩，而他人格魅力中最令人愉悦的一点就是他极具魅力的笑容。

事实胜于雄辩。笑容表达的信息就是："我喜欢你，你让我感到愉悦。我很高兴见到你。"这就是为什么狗都很受人欢迎，因为它们看到我们就会很高兴，所以我们自然也喜欢看到它们。

婴儿的笑容也有同样的效果。

你是否到过医院的候诊室？那里是不是满是面色阴郁的候诊患者，他们正焦躁不安地等待护士叫号？史蒂芬·斯堡尔医生是一位兽医，他讲过一个事例。在一个阳光明媚的春日，他的候诊室里坐满了带宠物接种疫苗的人。候诊室里特别安静，没有一个人讲话，大家可能都在想着与其坐在那里"浪费时间"，还不如去做点别的事呢。他说："候诊室里一共有六七个人，这时一位年轻女士进来了，带着她9个月大的孩子和一只小猫。她碰巧坐在一位等得十分不耐烦的先生身边。接下来，女士怀里的婴儿抬头看了看那位先生，露出了可爱的笑容。那位先生又做了什么呢？当然了，就像你我一样，他也对这个孩子笑了笑。很快他就和这位女士聊起了她的孩子，然后他又聊到了自己的孙子。很快，整个候诊室都加入了他们的谈话，无聊、紧张的气氛一扫而光，取而代之的是愉悦与轻松。"

但若只是皮笑肉不笑，会不会也有这种效果呢？不，虚假的笑容骗不过任何人。我们知道这种笑容很机械，也打心眼里憎恶这种笑容。我现在讲的是真正的笑容——发自内心又让人感到温暖的笑容，这种笑容可以让你在商场里以便宜价格买到好东西。

来自密歇根大学的心理学家詹姆斯·麦康诺是这样表达他对笑容的感受的，他说："无论是从事管理工作、教学工作还是销售工作，面带笑容的人的工作效率总是更高，他们抚养的孩子也会更乐观。一个笑容里所包含的信息远比一次皱眉要多得多。这就是鼓励式教育手段总比惩罚有效得多的原因所在。”

纽约一家大型百货公司的人事经理跟我说，他宁愿雇用一个虽然没有拿到毕业证书但笑起来很真诚的售货员，也不愿意要一个有一张苦瓜脸的哲学博士。

笑容的影响力很大，而有时候这种影响是潜在的，不会立刻显露出来。全美国的电话公司都有一个叫做“电话推销技巧”的项目，来培训用电话推销服务和产品的雇员。在这个项目中，培训人员要求学员在打电话时保持微笑，因为“笑容”会通过声音传递出去。

罗伯特·克莱尔在俄亥俄州辛辛那提的一家公司工作，担任计算机部门的经理。他讲述了他怎样为一个很难招到人的职位招到好员工的故事：

> 我想尽各种办法去招一个计算机专业的博士，最后我终于把目标锁定在一个年轻人身上。他马上要从普渡大学毕业，履历十分符合要求。在几次电话面试之后，我了解到他也接到了其他几家公司的入职邀请，其中好几家公司比我们公司还大，发展前景也好。我非常高兴他接受了我们的入职邀请。在他开始工作之后，我问他为什么选择我们公司而不是其他公司。他停顿片刻，然后说：“我觉得是因为其他公司的经理给我打电话时的语气冷淡而又例行公事，让我觉得这不过又是一次交易。而你的声音让我觉得你很高兴接到我的电话，你真心希望我能成为你们公司的一员。”毫无疑问，我现在接电话时依旧面带笑容。

美国一家大橡胶公司的董事会主席曾经对我说，据他观察，人们在自己不感兴趣的领域很难成功。这位产业领军人物并不太相信“努力工作是打开理想之门的唯一一把神奇钥匙”这句老话。他说：“我曾认识一些人，他们之所以成功是因为真的赶上了做生意的好时候。后来，我发现当兴趣变成工作的时候，这些人就变了，他们的生意也开始走下坡路。当他们在工作中再也找不到乐趣的时候，生意也做不下去了。”

如果你希望别人和你在一起时心情愉快，那你自己必须要心情愉快地对待别人。

我曾要求几千位商界人士每天每时每刻都微笑待人，坚持一周，然后在课堂上汇报他们的成果。成果如何呢？我们来看看。这是威廉 · 斯坦哈特写来的信，他是纽约的一位股票经纪人。他的案例并不少见，事实上，这是几百个案例中的典型案例。

“我已经结婚 18 年了，”斯坦哈特先生写道，“在这 18 年里，我很少对我妻子露出笑容，每天起床到出门上班这段时间里，跟她说过的话也不过二十几个字。我就是百老汇街上那些牢骚满腹的家伙中的一个。

“当你要求我面带笑容讲述自己的经历时，我觉得我得花一周时间来练习。所以第二天早上梳头的时候，我看着镜子里的苦瓜脸对自己说：‘你得把这一脸愁容从脸上抹掉了，你得微笑，而且你现在就得开始这样做。’在我坐下吃早餐的时候，我面带微笑问候了妻子：‘早上好，亲爱的。’

“你告诉过我她可能会大吃一惊，但是你低估了她的反应——她显得困惑不解，十分震惊。我告诉她以后每天早上我都会问她早安，我也的确这样做了。

“自从我的态度发生改变以来，两个月内为我们家带来的欢乐比去年一整年都要多。

“上班路上，我面带笑容地对公寓的电梯操作员说早安，也笑着问候了门卫师傅。在地铁站买票的时候，我也对负责兑换零钱的收银员报以微笑。当我到达股票交易所的时候，我对那些此前从没见我笑过的人笑了笑。

“很快，我就发现每个人也在对我微笑。我热情接待那些找我抱怨和诉苦的人，我笑着倾听他们的抱怨，然后我发现这些问题解决起来容易多了。我发现笑容可以为我带来经济收入，每天都有很多收益。

“我和另一个经纪人共用一间办公室。他的助理是个很惹人喜爱的小伙子。我对微笑带来的效果非常兴奋，于是前段时间给这个小伙子讲了我处理人际关系的新哲学。然后他对我说，我刚开始和他们公司的人共用一个办公室的时候，他觉得我十分可怕，直到最近他才改变了自己的看法，他说我笑的时候很有人情味儿。

“同时，我也从我的字典里删除了批评类的字眼。我现在总是欣赏和表扬他人而不是谴责和批评。我不再谈论自己想要什么，而是试着去发现别人的想法。这些事情彻底改变了我的生活。现在的我是个完全不同的人，我变得更快乐、更充实，拥有很多朋友并感到幸福，这些才是我现在最在乎的事情。”

如果你不愿意微笑，那该怎么办呢？有两个办法。第一，强迫自己露出笑容。如果你独自一人的话，就逼着自己吹口哨，或是哼段小曲儿，或是唱歌，就好像你已经很开心了一样。这些举动会帮助你开心起来。下面是心理学家、哲学家威廉·詹姆斯对这一现象的解释：

“表面看来，行动是跟着感觉走的，但行动和感觉其实是同步的。行动更多地受意志控制，但感觉不是。我们可以通过规范行为来间接控制我们的感觉。

“因此，如果我们不再快乐了，找回快乐的最佳方式就是开心地熬夜，开心地做事、说话，就好像我们已经很快乐了一样……”

世界上的每个人都在寻找幸福，而找到幸福的方式只有一种，那就是控制自己的想法。幸福并不取决于外部条件，而是取决于内在想法。

你是否快乐，并不取决于你有什么、你是谁、你在哪里或者你在做什么，而取决于你对幸福的看法。举个例子，两个人可能在同一个地方做同样的事情，两人的经济实力和声望相仿，但他们之中可能只有一个人是幸福的，而另一个可能会认为自己的生活是个悲剧。为什么会这样？这是因为他们对待生活的态度不同。我看到过许多贫苦的农民在热带地区辛勤劳作，他们使用的工具十分简陋，生活也十分困苦，但他们的脸上总是洋溢着幸福；而在纽约、芝加哥和洛杉矶的高档写字楼里，人们天天吹着空调，我所看到的幸福脸庞也丝毫不比那些热带农民多。

莎士比亚说："世上之事本没有好坏之分，只是人们的想法不同而已。"

林肯曾经说过："对于大部分人来说，他们想要变得多快乐就能变得多快乐。"他说得没错。我在纽约的长岛火车站沿着楼梯向上走时，就看到过一个鲜活的例子。三四十个拄着拐杖的跛足男孩在我的正前方奋力爬楼梯，其中有个男孩还得别人帮把手才行。我被他们的欢笑声感染了，并和他们的负责人聊起这些孩子的乐观。那个负责人说："的确是这样，当一个男孩发现他将终生残疾的时候，最开始他会震惊。但接受了这个事实之后，他就会接受命运的安排，然后变得和其他孩子一样快乐。"

我觉得我得向这群孩子脱帽致敬。他们给我上了一课，终生难忘的一课。

在公司的封闭式办公室里，一个人工作不仅很孤独，而且还失去了与公司其他员工交朋友的机会。来自墨西哥的塞克拉·玛利亚的工作性质就是如此。每次听到公司其他同事的闲谈和笑声，她都很羡慕她们之间的友谊。在入职后的前几周里，每次在走廊里与这些同事擦肩而过时，她都会羞涩地看向别处。

几周之后，她对自己说：“玛利亚，你不能指望这些女同事自己凑到你身边来，你得出去和她们聊天。”下一次去茶水间的时候，她便带着最灿烂的笑容问候每一个人：“嗨，你今天过得怎么样？”效果立竿见影。人们纷纷对她报以微笑和问候，走廊里的气氛立时融洽了许多，工作做起来也顺手了。

点头之交慢慢发展下去，有的就变成了知心好友，她的工作和生活都因此变得更加愉悦而有趣。

美国著名散文家、出版商埃尔伯特·哈伯德对此有个很好的建议。让我们来仔细品味一下这个建议的精华，但要记住，除非你真正把这些话付诸实践，否则纸上谈兵不会带来任何好处：

> 每当你走出家门的时候，要下颚微收，谦恭有礼，抬头挺胸，深呼吸；要好好感受今天的阳光，微笑着问候你的朋友，真诚地同他人握手。不要害怕被人误解，也不要在敌人身上浪费一丁点儿时间。试着一直想自己想做的事情，然后认准方向，头也不回地大步向前。当你的脑海里始终充满了你想做的那些美妙的事情，你就会发现，随着时光的流逝，原来自己竟在不经意间就抓住了实现愿望的机会，就像珊瑚虫那样，总能在潮汐涨落间找到自己想要的东西。要在脑海中勾勒出自己理想中的形象——能力十足，信心百倍，热情洋溢，这种想法有助于你一点一点变成自己想要的样子。想法的力量无穷无尽。要保持正确的思想态度——有勇气、坦然、快乐，因为正确的想法就相当于创造力。愿望是一切事物的源泉，但只有最虔诚的信徒才会得到上帝的眷顾。当我们坚定信念的时候，距离得到眷顾就更近了一步。下颚

微收、谦恭有礼，头才会昂得更高。我们就是自己生命的主宰。

古代中国人十分聪明，他们在处世之道方面有自己独特的智慧。中国有句古语说得好：人无笑脸休开店。这句话每个人都应该谨记。

微笑会传达你的好意。所有看到你笑容的人都会被你的笑容感染。对于一群愁眉不展、眉头深锁的郁闷的人来说，你的笑容就如同冲破云层的太阳一样温暖。特别是当他们正处于老板、客户、老师、家庭的重压之下时，一个笑容就能给予他们希望，告诉他们世界上还是有快乐的。

几年前，纽约的一个百货商店的管理者意识到，在圣诞节期间店内销售人员都面临着巨大的压力。于是，他们在多则广告中向读者呈现了这样一种朴素的哲学：

微笑的价值

它分文不取，却价值连城。它使接受者生命丰满，却不会给施予者造成任何损失。它一闪而过，有时却会让人铭记一生。就算再富有，生活中也要拥有它；就算再贫穷，有了它也会受益无穷。在家里，它营造幸福；工作中，它带来善意；朋友间，它彰显友谊。它是缓解疲劳的良方，失意者的希望，悲伤者的阳光，烦心事的天然解药。然而，无论是购买、乞讨，还是赊借、偷盗都无法得到它。因为在它被赠予他人之前，对任何人都没有任何实际益处。在圣诞节购物期的最后一秒，如果我们的销售人员累得无法对您微笑，能不能请您给他们一个微笑。没有人比他们更需要这个笑容了，因为他们所有的笑容都已经奉献给了您，一点也不剩！

• 原则 2：

微笑，微笑。

记住对方的名字

1898 年，纽约洛克兰郡发生了这样一个悲剧。寒冬里的一天，农民法雷去马厩牵马。因天气十分寒冷，马也有好久没有出来透气了。这匹马十分兴奋，饮水的时候，它高兴地乱踢，后腿高高地踢向空中，踢到了法雷，于是这个小村庄又多举办了一场葬礼。

法雷去世了，他的儿子吉姆 · 法雷那时候只有 10 岁。因家境窘迫，小吉姆只得到一家砖厂去打工，运送沙子。从此，吉姆失去了受教育的机会。但他天生待人亲和，人们都喜欢他。成年后，他步入政坛。随着年龄的增长，他具备了一种不可思议的能力——记住他人的名字。

他从没上过学，但在他 46 岁之前有 4 所大学为他颁发了学位。他也成为民主党全国委员会主席，同时担任当时的美国邮政局长。

我曾采访过吉姆 · 法雷并向他讨教他成功的秘密。他说："努力工作。"我说："别开玩笑了，我说正经的呢。"

然后他反问我这个问题，让我说说他成功的原因。我答道："我觉得是因为您能叫得出 10 000 个人的名字。"

"不，你错了。"他说，"我只能叫出 5 000 个人的名字。"

千真万确。1932 年他帮助罗斯福竞选总统时，正是这种能力帮助他最终把富兰克林 · 罗斯福推上了总统宝座。

吉姆·法雷曾在一家石膏厂做销售人员，也曾在斯托尼波恩特做过镇长。就是在那些年里，他练就了一种牢记人名的本领。

这项工作最初非常轻松。每当吉姆与某个人熟识之后，他就会记下他（她）的全名、家庭情况、工作状况和政治观点。他把每一点信息都深深记在脑海里，这样等到下一次看见这个人的时候，就算一年过去了，他还是能和这个人亲切地握手，问候他的家人，问他后院的蜀葵长得好不好。难怪那么多人都喜欢他！

在罗斯福竞选总统开始之前的几个月里，吉姆·法雷每天都要写几百封信给西部和西北部各州的选民。他还坐火车在 19 天内走遍了 20 个州，行程达 12 000 英里。他可能会在某个小镇突然下车，和当地的选民吃顿饭，一起促膝谈心，然后又匆匆奔赴他的下一段旅程。

回到东部之后，吉姆马上开始给他去过的每个小镇中的一个人写信，请那个人帮忙写一份他在那里拜访过的所有人的名单。最终汇总的名单上会有成千上万个名字，而这份名单上的每一个人都会收到来自吉姆·法雷的私人信件。这些信件可能以“亲爱的比尔”或是“亲爱的简”开头，但落款全都是“吉姆”。

吉姆·法雷很早就发现，相对于世界上其他人的名字而言，普通人总是对自己的名字更感兴趣。如果你能记住这些名字，清楚准确地称呼他们，就是对他人微妙且有效的恭维。但如果你忘记了这些名字或是拼错了，就会把自己置于一种尴尬的不利境地。例如，我曾经在巴黎举办过一场公共演讲。法国的打字员显然对英文名字不甚熟悉，可想而知他们拼错了很多名字。美国银行巴黎分行的一位经理就曾给我写过一封措辞严厉的投诉信，谴责我们拼错了他的名字。

有时候记住别人的名字很难，尤其是那些拗口的名字。许多人都选择不刻意记住这样的名字，而是用比较容易记住的昵称称呼他们。

席德·利维曾经给一个叫做尼希米·帕帕罗斯的顾客打电话。许多人都称他为“尼克”。席德告诉我们：“我先自己练习了好几遍如何称呼他的全名，然后才给他打电话。打电话时我用全名称呼他，我说‘早上好，尼希米·帕帕罗斯先生’。他似乎震惊了。因为好几分钟他都没回应我的问候。最后，他感动地对我说：‘利维先生，我到这个国家整整15年了。在这15年里，还从没有人愿意费点力气说对我的名字。’”

安德鲁·卡内基的名字可谓家喻户晓，但他成功的原因又是什么呢？

他被称为钢铁大王，但他自己却对炼钢知之甚少，他只是雇用了很多远比他了解炼钢这一工艺的员工为他工作而已。

但他知道如何管理这些人，这才是他成功的关键。很小的时候，他就展现出管理天赋，他天生就是当领导的料。在他10岁的时候，他同样发现了人们对自己名字的格外关注。他利用这项发现赢得了与人合作的机会。举个例子：在卡内基还是个小男孩的时候，有一次他抓到了一只母兔。很快，他就有了一窝小兔，却没有东西喂养它们。但他想出了一个绝妙的主意。他告诉邻居家的孩子们，如果谁能带来足够的苜蓿和蒲公英喂养这些兔子的话，他就用他的名字给这些兔子命名。

这个简单的主意十分奏效，也令卡内基本人一生难忘。

几年之后，他在生意中采用了同样的心理战术，获利数百万之多。例如，他想把铁栏杆卖给宾夕法尼亚铁路公司。那时，宾夕法尼亚铁路公司的总裁是埃德加·汤姆森，于是，安德鲁·卡内基便在匹兹堡建了一座大型钢铁厂，命名为“埃德加·汤姆森钢铁工厂”。

我有个谜题，试试你能不能猜中谜底。当宾夕法尼亚铁路公司要购买铁栏杆的时候，你认为埃德加·汤姆森会从哪个工厂购进呢？

从著名零售公司西尔斯–罗巴克那儿吗？不，不，那你就错了。在和火车卧铺车厢的发明人乔治 · 普尔曼争夺铁路卧铺业务的时候，钢铁大王卡内基再一次想起了他的兔子理论。

那时，安德鲁 · 卡内基的中央运输公司正同普尔曼的公司打得不可开交。两家公司都想得到联合太平洋铁路公司的卧铺车厢业务。因此，两家公司互相中伤、降价，利润大幅下滑。于是，卡内基和普尔曼一起到纽约去拜访联合太平洋铁路公司的董事们，希望能得到这次合作机会。这天晚上，他们在圣尼古拉斯酒店见面了。卡内基说："晚上好，普尔曼先生。我们实在是两个愚蠢透顶的家伙。"

"你这话是什么意思？"普尔曼问道。

卡内基解释了他的想法——他想让这两家公司合并。他对普尔曼描述了两人的共同利益，并说明如果两人不再敌对，而是联手的话，前景会有多么美好。普尔曼听得很认真，但他并未被完全说服。最后，普尔曼问道："那这个新公司以什么命名呢？"卡内基马上答道："当然是叫做普尔曼豪华卧车公司了。"

普尔曼马上变得容光焕发。"到我房间来吧，"他说，"我们再商讨下具体问题。"于是，这场谈话成就了美国工业史上的一个传奇。

记住朋友和工作伙伴的名字，并且尊重他们，是成就安德鲁 · 卡内基非凡领导力的秘密之一。他为自己能叫出许多下属员工的名字而感到自豪。据说在他本人管理工厂的时候，从未有一次因员工罢工而导致工厂停产的情况发生。

得克萨斯商业股份有限公司主席本顿 · 洛夫（Benton Love）认为，公司规模越大，里面的人情味儿就越淡。他说："公司里温暖人心的一种有效方法就是管理者记住员工的名字。告诉我他记不住员工名字的行政主管就相当于告诉我他也同样记不住工作中的重要问题，他的职位很快就会被架空。"

来自加利福尼亚派洛斯福德牧场的凯伦 · 希尔什是环球航空公司（TWA）的一名空姐。她总是在工作中练习记住更多乘客的名字，这样在为他们服务的时候她就能称呼他们的名字了。这种做法使她的服务得到了乘客的交口称赞。曾有一位乘客写道：“我有一段时间没坐环球航空公司的飞机了，但从现在开始，我不会再乘坐其他公司的飞机了。你让我觉得你们的航班已经成了我的私人航班，这对我而言十分重要。”

人们总是对自己的名字感到十分自豪，他们会不惜一切代价想让其万古流芳。就连经过大风大浪的著名演员巴纳姆都因其子女无人愿意沿用自己的名字而倍感失望。他说如果孙子西利愿意改名为“巴纳姆 · 西利”，他就会奖励孙子 25 000 美元。

许多世纪以来，那些贵族和大资本家之所以资助艺术家、音乐家和作家，就是为了让他们在自己的作品上注明“谨以本作品献给某某”的字样。

各大图书馆和博物馆中那些丰富的藏品都来自那些无法忍受自己的名字在漫漫历史长河中枯萎消逝的人。纽约公共图书馆收藏了阿斯特和雷诺克斯的藏品。大都会博物馆让本杰明 · 奥特曼和摩根这样的名字流芳千古。同样，几乎每一座教堂都会用彩色玻璃做装饰，并在玻璃上喷绘教堂捐赠者的名字。许多大学校园的建筑也都会以曾为学校做出杰出贡献的人命名，或是以曾捐助大笔款项的人来命名。

大多数人记不住他人的名字，原因很简单，他们并未花费必要的时间和精力去关注和重复这些名字，所以不能把它们牢牢记在心里。他们给自己找借口：我太忙了。

但是，这些人一定不会比富兰克林 · 罗斯福更忙吧。就算是偶尔遇见的机械工人，罗斯福都会记住他们的名字。

众所周知，罗斯福总统的腿不太方便。因此，克莱斯勒汽车公司专门为他设计了一款车。张伯伦和一位机械师一起将这部车送到了白宫。我这里有一封张伯伦先生的信，信中讲述了这次经历：“我教罗斯福总统如何驾驶这辆由好多新奇小机件组装的车，而他也教会了我很多处理人际关系的艺术。”

张伯伦先生写道：“当我到达白宫的时候，总统先生看起来十分开心。他直呼我的名字，让我觉得特别舒服。我印象特别深的就是，他对我告诉他的所有事情都显得很有兴趣。一群人围过来参观这辆车的时候，总统先生说：‘我觉得这车棒极了！我只需要轻轻按下一个按钮，它就能开走，一点都不费力。我觉得这是最棒的一点。我不知道你们是怎么做到这点的，要是有时间我一定要把它拆了，看看里面究竟是怎样的构造。’

“当他的朋友和随同人员夸赞这部车的时候，总统当着他们的面对我说：‘张伯伦先生，我非常感谢你们为了设计这样一辆车所花费的时间和付出的努力。你们做得太好了！’总统先生喜欢车里的暖气、特制的后视镜和钟表；他还喜欢那个特制的车灯、坐垫的样式以及驾驶椅的高度；他也喜欢我们把他的姓名首字母缩写印在后备箱中的每一个特制手提箱上。换句话说，他注意到了车中的每一个细节，而这些细节都是我再三思考设计的成果。他把这些小玩意儿给罗斯福夫人看，给劳工部长帕金斯看，也给他的秘书看。他甚至告诉白宫的门卫说：‘乔治，你得好好照看这些手提箱。’

“驾驶课程结束时，总统先生转过身对我说：‘张伯伦先生，联邦储备委员会的先生们已经等我 30 分钟了，我想我得回去工作了。’

“前文提到，我是和一名机械师一起去的白宫。见面时我把他介绍给罗斯福先生认识。他并没和总统先生说上话，罗斯福先生也只听过一次他的名字。那位机械师是个害羞的小伙子，总是躲在人群后面。然而总统先生在离开之前找到这位机械师，握着他的手并直呼其名字，还感谢他来到华盛顿。总统先生的谢意中并没有一丝虚与委蛇的成分，他怎么想的就怎么说，我能感觉到这一点。

“回到纽约几天之后，我收到了总统先生的亲笔签名照片，还有一封简短的感谢信，感谢我们对他的帮助。对我来说，他在百忙之中如何能抽出时间做这些事情始终是个谜。”

在如何赢得他人好感的问题上，富兰克林·罗斯福掌握了最简单、最明显却也最重要的一点，即记住他人的名字，让他人感受到自己的重要性。然而，我们中有多少人能做到这一点呢？

多数情况下，我们与陌生人初次见面时一般都是闲聊几分钟，结果到最后互道再会时也记不住这人到底叫什么。

政治家们最需要学习的内容中就包括这一点：“记得每一个选民的名字才是应有的政治家风度，忘记他们的名字就会湮没自己的才能。”

在商务往来及社会交往中，具备记住他人名字的能力同样重要。

拿破仑三世曾经说过，除了履行皇室职责之外，他能记住自己见过的所有人的名字。

有什么技巧呢？方法十分简单。如果没听清对方的名字，他就会说：“实在抱歉，我没听清你的名字。”如果这个名字不是很常见，他就会说：“你能拼写一下吗？”

在交谈中，他会一遍又一遍不厌其烦地重复这个名字，并努力在脑海中把这个名字与这个人的某些特质、表情或是长相联系起来。

如果交谈对象是个重要人物，拿破仑三世就会下更大的功夫去记住他们的名字。只要有空，他就会把这些人的名字写在一张纸上，集中注意力记住这些名字，然后把这张纸撕掉。这样，再看到或者听到这个名字的时候，他就能立刻想到对应的那个人了。

所有这些都要花费时间。爱默生说得好：“好习惯都是由一次次琐碎的牺牲养成的。”

记住和使用他人的名字不仅对王室和公司高层人员而言很重要，对我们每个人也都如此。肯·诺丁汉是印度通用汽车公司的一名普通员工，他通常在公司食堂吃午饭。他发现站在柜台后的女服务员总是一脸愁容。“她已经做了两个小时三明治。对她来讲，我只不过是一个顾客罢了。我告诉她我想要什么，她给我称了一片火腿，夹了一片生菜，一些土豆条，然后把三明治给了我。”

“第二天我又站在了吃午饭的队伍里，还是这个女服务员，依旧满脸愁容，唯一的不同是这次我看到了她的胸卡。我笑着说：‘你好，尤尼斯。’然后我告诉她我想点些什么。结果她称都没称就给了我一堆火腿，三片生菜，土豆条堆得盘子都装不下了。”

我们应该意识到一个小小的名字里面所包含的巨大魔力，也应当清楚与我们打交道的每个人对自己的名字都具有绝对所有权，其他任何人都无法剥夺这种权利。名字是一个人自我意识的体现，是一个人区别于他人的标志。当我们需要直呼一个人的名字时，我们所传达的信息以及所提出的要求对这个人来说便尤为重要。从餐厅侍者到高级主管，在人际交往的过程中，每个人的名字都会产生魔力。

• 原则 3：

要记得，对任何人来讲，自己的名字永远是世界上最美妙、最重要的声音。

领会倾听的艺术

前段时间我参加过一次桥牌聚会。我本人对桥牌不甚爱好——聚会上另一位女士也不玩桥牌，她认出了我。因为我曾担任过演说家兼作家劳威尔·托马斯的经理，也曾几次到欧洲帮他准备当时的旅行演讲。因此，她对我说："哦，卡内基先生，我非常希望您能给我讲讲您曾经去过的那些地方，见过的那些风光。"

我们在沙发上坐下来之后，她告诉我她和她的丈夫刚刚从非洲旅行回来。"非洲！"我兴奋地说，"肯定很有意思吧！我总想去非洲看看，但是除了在阿尔及尔待了24个小时的经历之外，我还没有好好领略过非洲风光呢。您太幸运了！我真羡慕您。您给我讲讲您的非洲之旅吧。"

她整整讲了45分钟，也再没有问我都去过哪儿，看过什么风景。她其实不想听我讲述我的旅行，她只需要一个倾听者，这样她就能找到更好的自我感觉，为我讲述她曾见过的风景。

像她这样的人多吗？很多，许多人都像她一样。

有一次，在纽约的图书出版商举办的晚宴上我遇见了一位植物学家。之前我从没接触过植物学家，因此我觉得他棒极了。他给我讲那些异域植物，介绍自己在培养新品种植物，在建设室内花园（他还给我讲了一些有关马铃薯的事情，十分令人震惊）。毫不夸张地说，彼时彼刻我真是迫不及待地想要知道他所有的见识。我自己就有个室内小花园，他显然能解决我在这方面的所有问题。

当时还有很多其他客人，但我却顾不得那么多礼节，没有跟其他客人打招呼，而是跟这位植物学家一连谈了几个小时。

午夜时分，我向所有人道了晚安然后告辞离开。这位植物学家随后与主人聊天时对我大加赞赏，说与我谈话"很有启发性"，最后他说我是个"非常健谈的人"。

非常健谈的人？怎么会呢？那晚我基本都没说几句话。要是想说的话，我不可能一直让他谈论这个话题，因为我对植物学简直是一窍不通。但我是这样做的：我很认真地倾听。我听他讲是因为我真的对植物学感兴趣，而他也感觉到了这一点。显然，这让他很高兴。这种倾听的方式是我们对说话人所能给予的最高褒奖。20 世纪三四十年代美国著名非小说题材作家杰克·伍德福德（Jack Woodford）在其作品《恋爱中的陌生人》（*Strangers in Love*）中就曾写道："很少有人能抵挡得住由衷赞美的魅力。"我甚至做得比这还好，我总是"衷心地称赞他人，绝不吝惜自己的赞美之词"。

我告诉他说这次谈话让我感到很愉快，受益匪浅。的确是这样。我还对他说我希望能多了解一些植物学知识，我也这样做了。我告诉他我想和他一起漫步在田野里，我们的确在田野里散步了。我对他说我们一定要再见面，我们也见面了。

所以，他认为我是个很健谈的人，但实际上我只是个倾听者，我所做的只不过是鼓励他讲下去而已。

面试成功的奥秘是什么呢？据哈佛大学前任校长查尔斯·艾略特讲："成功的商务往来关系中是没有什么秘密的。全神贯注地倾听对方谈话非常重要，没有比这更好的恭维方式了。"

艾略特本人就是倾听艺术的大师。亨利·詹姆斯（Henry James）是美国最伟大的小说家之一，他曾经回忆说："艾略特博士倾听时并不是一言不发，而是积极地倾听。他笔挺地坐着，双手交叉放在腿上，除了大拇指轻轻晃动之外没有任何动作。他面对谈话者，全神贯注地听他说话。他用心在倾听，积极地思考对方所说的每句话。每次会面结束之后，跟他交谈过的那个人总会觉得已经表达出了自己的意见。"

这个道理不言而喻，不是吗？你无须在哈佛大学学习 4 年也能发现它。然而你我都知道，那些百货商店的店主会花大价钱租下一个店面，购进经济实惠的货物，把橱窗装饰得十分醒目，再花上几千美元来做广告，但他们却有可能雇用一群不懂得倾听的店员，那些店员会打断顾客的话，反驳顾客的观点，惹得顾客大发脾气，就差没把顾客们从店里面赶走了。

就是因为一个店员不懂得倾听，芝加哥的一个大型百货商店险些失去一位在该店年消费几千美元的老顾客。亨利埃塔·道格拉斯太太曾参加过我们在芝加哥的培训课程。她买过一件打折的大衣，把大衣拿回家之后她才发现衬里有些磨损。第二天她把这件大衣拿回商店，希望店员能给她换一件。但店员不肯听她解释，说道："你这件衣服是打折商品。"她指着墙上的标志说："看见那个没，上面写着'打折商品谢绝退换'。一旦买了，就没办法换了。自己回去缝缝吧。"

"但这属于损毁商品啊。"道格拉斯太太抱怨道。

"没什么区别，"店员打断了道格拉斯太太的话，"不能换就是不能换。"

道格拉斯太太十分生气，打算离开这家店，发誓以后再也不来了。就在这个时候，商场经理进来和她打招呼，因为道格拉斯太太是这家店的老主顾，两人彼此认识。道格拉斯太太向她讲述了刚刚发生的事情。

经理认真地听了事情的始末之后检查了这件大衣，然后说："特价商品不能退换，所以我们才能在季末的时候清空库存。但这个'谢绝退换'原则并不适用于损毁商品，我们当然会修复或是换掉这件衣服的衬里；或者如果您愿意，我们也可以给您退款。"

店员和经理的态度确有天壤之别！如果那位经理没有碰巧过来倾听这位太太的抱怨，这家商店就会失去一个老客户了。

在日常生活中，倾听同样也很重要。米莉·埃斯波西托住在纽约的哈得孙河畔。当她的孩子和她说话的时候，她总是认真倾听。一天晚上她和儿子罗伯特一起坐在厨房里聊天。之后，罗伯特说："妈妈，我知道你非常爱我。”

埃斯波西托太太深受感动，说：“我当然非常爱你了，你怀疑这一点吗？”

罗伯特答道：“当然不。我知道你爱我是因为每次我想和你说话的时候，你都放下手里的事情，然后听我讲。”

牢骚满腹的人，就算他怒气冲天，也会在一个耐心的、充满同情心的听众面前缴械投降。举个例子：几年前，纽约电话公司遇到了一个特别难缠的客户。他骂过客户销售人员，说过一些不堪入耳的话，还威胁要把电话线连根拔起。他还称电话公司制造假账单，所以拒绝付款。他寄给公共服务委员会的投诉信不计其数。同时，他还起诉了这家电话公司。

最后，公司最为出色的“麻烦解决者”被派去解决这次严重的纠纷。这位“麻烦解决者”一直倾听着这位暴怒的顾客滔滔不绝的抱怨，只说了“是的”，脸上是一副深表同情、充分理解他的委屈的表情。

“就这样，他讲了将近 3 个小时，我也听了将近 3 个小时。”这位“麻烦解决者”在一次课上讲道，“然后，我又找到他，听他抱怨更多的事情。我一共拜访了他 4 次。就在第四次拜访结束之前，我已经成了他创立的一个组织的特许成员。他把它称为‘电话用户利益保护组织’，我现在还是这个组织的成员，而据我所知，这个组织只有我和这位先生两个人。

“我听着他的抱怨，同意这几次拜访中他所提出的每个观点。他以前从未遇到过以这种方式和他谈话的电话代表，他渐渐变得友好起来。第一次拜访他的时候，我找不到合适的机会表明自己的来意，第二次、第三次的时候也没顾上提及。但第四次拜访他的时候，我完成了我的任务。他付清了所有欠款。在和所有电话公司的纠纷中，他有史以来第一次主动撤销了自己写给公共服务委员会的投诉信。”

毫无疑问，这位先生把自己看做一个神圣的卫道士，想保护公众利益免受无理剥削的侵害。但在现实生活中，他想要的无非是一种被重视的感觉。他通过吵闹和抱怨找到了这种感觉，一旦在公司代表那里获得了被重视的感觉，他臆想出的委屈就烟消云散了。

朱利安·德特默是德特默羊毛公司的创立者，后来成了世界最大的羊毛经销供应商。几年前的一个早晨，一位愤怒的顾客冲进了他的办公室。

“这位先生欠我们一小笔款项，”德特默先生解释道，“他说他没有欠，但我们确信他有欠款，所以我们公司的信贷部门坚持要他还款。在与信贷部门通了几封信之后，他直接来到了芝加哥，冲进我的办公室对我说，他不仅不想还款，而且以后都不会在德特默羊毛公司购买一美元的货物了。

“我耐心地听着他的话，很想打断他，但我意识到这不是个明智的做法，所以我让他痛痛快快地说下去。当他终于冷静下来能听进去别人说话的时候，我平静地说：‘我得谢谢您来芝加哥告诉我这件事。您帮了我一个大忙，因为如果我们的信贷部门惹恼了您，他们也有可能惹恼其他顾客，那就不好了。相信我，您讲述的时候很急切，但我比您更想要了解这件事的来龙去脉。’

“这是他最不想听到的话。我觉得他有一点失望，因为他千里迢迢来到芝加哥是找我理论的，而我却反过来感谢他，没和他争论。我向他保证，我会取消对他的收费，并且忘记这次不愉快。因为他是个很细心的人，只有一个账户要管理；而我们的员工要管理成千上万个账户。因此，我们弄错的可能性更大。

“我告诉他我完全理解他的想法，如果我身处其境，也会毫不犹豫地采取他的做法。因为他以后都不打算从我们公司购买羊毛了，我便为他推荐了其他几家羊毛公司。

“以前他来芝加哥的时候，我们通常会共进午餐，所以那天我也邀请他共进午餐。他犹豫了一下，然后答应了。但在我们回来之后，他下了一份比以前更大的订单。他心平气和地回家了，想要像我一样公平处理这件事情。他回去查了一下他的账单，发现那张账单原来放错了地方，然后就给我们寄来了一张支票和一封致歉信。

“后来，他的妻子给他生了个儿子，他将儿子的教名取为德特默。22 年来，他一直都是我们公司的主顾，也是我的朋友。”

多年以前，一个贫穷的荷兰男孩在一家面包店靠擦窗户来补贴家用。因为家境贫寒，除了打工之外，他还不得不每天挎着篮子到街上捡那些散落在下水道里的煤块，那些煤是运煤的马车上掉下来的。这个男孩就是爱德华 · 博克。他只上了 6 年学，但最终却成为美国期刊史上最成功的杂志编辑。他是怎么做到的呢？说来话长，但他起家的故事却十分简单——他就是靠本章中讲述的原则成功的。

13 岁的时候，博克辍学成了西部联合电报公司的一名勤杂工。然而，他从未放弃过接受教育的念头。因为不能上学，他就开始自学。他省下了所有车费和午餐费，攒钱买了一本美国传记大全。之后，他读了所有名人的生平故事，并给他们写信询问他们童年的经历。他是个很好的倾听者，他请这些名人更多地讲述自己的经历。例如他给当时正在竞选美国总统的詹姆斯 · 加菲尔德上将写信，问他年轻时是不是曾在运河上做过纤夫，加菲尔德给他回了信。他也给格兰特上将写过信，问他某一场战争的经过，格兰特给他画了一幅地图，并邀请这个 14 岁的男孩共进晚餐，还和他整整谈了一夜。

很快，这个西部联合电报公司的小勤杂工就与美国很多知名人士建立了长久联系，例如：爱默生、奥利弗 · 温德尔 · 霍姆斯、朗费罗、林肯夫人、路易莎 · 梅 · 奥尔科特、谢尔曼将军以及杰斐逊·戴维斯。他不仅与这些知名人士保持联系，一旦放假，他还会亲自拜访他们并受到他们的热烈欢迎。这样的经历赋予了他无比的自信。这些人让他有了主宰生活的想法和勇气。我再重申一遍，他所有这些成就都是通过遵守我们这里讲述的原则所达成的。

马可逊是一位曾采访过几百位名人的记者。在他看来，许多人之所以不能给他人留下很好的第一印象，原因就在于没有领会倾听的艺术。“他们总是更关心自己接下来要说的话，所以不能注意听别人说的话。某些重要人士对我说过，比起滔滔不绝的讲话者，他们更喜欢好的倾听者。但是，倾听这种品质似乎比任何一种品质都难得。”

不仅重要人士喜欢好的倾听者，普通人也喜欢。就像《读者文摘》里面曾说过的那样：“许多人想要倾诉心声的时候，都会给他们的医生打电话。”

在南北战争的黑暗岁月里，林肯曾给住在伊利诺伊州斯普林菲尔德的一位老友写信，邀请他到华盛顿来。林肯说，他有些问题想和这位朋友探讨一下。

这位老朋友到了白宫，林肯与他畅谈了几个小时，讨论发布一份解放奴隶的声明是否可行。林肯给他看了所有支持者和反对者的主张，也给他读了所有讨论这个话题的信件和报纸文章：一些人对他不解放奴隶进行了谴责；而另一些人又生怕他释放那些奴隶，也谴责他。在几小时的长谈后，林肯与那位老友握手道别，互道晚安，都没问过他的意见，就把他送回伊利诺伊州了。其实，在聊天中，林肯一直在自言自语，这让他的头脑越来越清晰。“在谈过之后，他看起来轻松了不少。”这位老朋友说。林肯其实并不需要别人的建议，他只是需要一个朋友，一个能够理解他的倾听者，能让他暂时卸下肩上的压力。所有人在麻烦缠身的时候，都想要这样的朋友吧。这也是那些被激怒的顾客所需要的。同样，心怀不满的员工和伤痕累累的朋友所需要的也是这个。

西格蒙德·弗洛伊德应该算是现代一位伟大的倾听者了。曾见过弗洛伊德的人这样描述他倾听时的姿态:“这情景在我脑海中久久萦绕不去。他拥有的品质我从未在其他人身上见过。我从未见过如此集中的注意力,你从他眼中找不到一缕颇具洞察力的‘穿透灵魂的目光’。他的眼里闪烁着温柔和善的光芒,声音低沉友善,也很少做手势。尽管当时我说得前言不搭后语,他给予我的注意力以及对我所谈之事的尊重仍旧丝毫不减。您不会明白那样的倾听对我来说意味着什么。”

如果你想知道如何让他人在背后议论你、嘲笑你甚至鄙视你,这是个妙法:永远别听别人说话,自己说自己的。如果别人说话的时候你突然想到什么,千万别等他说完,一定要在他正说话的时候插上一句。

你认识这样的人吗?很不幸,我认识。让人惊讶的是其中一些人还身居要职。这样的人索然无味,他们陶醉在自我中无法自拔,对自己的重要性确信不疑。

那些一味谈论自己的人只会想到自己。长期担任哥伦比亚大学校长的尼古拉斯·穆雷·巴特勒博士曾经说过,那些“只为自己着想的人实在是无可救药,无论他们受教育程度多高也都是没有教养的人”。

所以,如果你想成为出色的谈话者,就先做一名出色的倾听者吧。倾听他人,关注他人,问他人喜欢回答的问题。鼓励他们讲述自己和自己的成就。

一定要记住,和你谈话的人对自己、对自己想要的东西和所面对的问题,要比对你和你所面对的问题感兴趣得多。对于某人来说,他的牙痛问题对他来讲要比导致百万人死亡的大饥荒重要得多。下次与他人谈话的时候,一定要想想这一点。

• 原则 4：

做个出色的倾听者，鼓励他人谈论自己。

谈论对方感兴趣的话题

每个曾有幸成为西奥多 · 罗斯福座上宾的人都对他广博的知识感到惊叹。无论他的客人是牛仔还是驯马师，是纽约政客还是外交官，罗斯福都能和他们找到共同话题。他是怎么做到的呢？答案很简单。每当有人要来拜访罗斯福的时候，他头天晚上都会熬夜研读来访者非常感兴趣的话题。

罗斯福和所有领导者一样，都知道通向人心的捷径就是谈论其最珍视的东西。

为人和善的耶鲁大学文学教授、散文家威廉 · 菲尔普斯在很小的时候就了解到这一点了。

他在《人性》中写道："在我 8 岁的时候，有一次周末在我姑妈家玩，期间一位中年男子来姑妈家做客，一阵寒暄过后，他把注意力转移到了我的身上。当时我正巧对船舶很感兴趣，于是来访者便与我讨论起这个话题，他谈话的方式在我看来非常吸引人。在他走后，我激动地谈起这位来访者——他真是个学识渊博的人！姑妈告诉我，他是纽约的律师，其实对船舶一丁点儿都不关心，他对这个话题其实半点兴趣都没有。'但他为什么总谈论关于船舶的话题呢？'

"'因为他是位绅士。他看出来你对船舶很感兴趣，于是就谈一点自己有所了解又能让你开心的东西，这样能使他更受人欢迎。'"

威廉 · 菲尔普斯又说："我从未忘记过姑妈的这番话。"

撰写本章的时候，我面前正放着一封爱德华 · 基尔夫先生的来信，他对童子军工作十分热心。

基尔夫先生写道："有一天我发现我需要人帮忙——一个盛大的童子军大会将要在欧洲举行，我希望美国最大的公司中能有一位总裁给那些孩子出路费，让他们去参加这次大会。

"幸运的是，就在去拜访这位先生之前，我听说他签出了一张百万美元的支票，在那张支票作废后，他就将支票复印件装入画框留作纪念了。

"所以，我走进他办公室的第一件事就是想看看那张支票。100万美元的支票啊！我告诉他我从来不知道谁能开出这么大数额的支票，我想告诉那些孩子们我的确见过100万美元的支票。他非常开心地给我看那张支票。我赞叹了一番，问他能不能告诉我这张支票是在什么情况下开出的。"

你们注意到了没有，基尔夫先生刚开始并没谈论有关童子军的事，也没谈欧洲的童子军大会，他没谈任何他想要的东西。他谈论的是对方感兴趣的东西。这次谈话的结果如下：

"过了一会儿，这位先生说：'哦，顺便问一句，你找我有什么事？'然后我才告诉他来意。"

基尔夫先生接着说："令我大为惊讶的是，他不仅立刻答应了我的请求，还为我提供了更多的帮助。我仅仅请他出资送一个孩子到欧洲，而他却出了6人的资费，给了我一张1 000美元的信用证，让我们在欧洲待上7周。他还给我开了几封介绍信，把我介绍给他各地分公司的经理，让他们负责接待。而他本人将在巴黎与我们会合，亲自带我们游览巴黎。自那时起，他就一直为那些贫困家庭的孩子提供工作岗位，直到今日他仍然在为我们的组织奔忙着。

“然而我知道，如果当时我没能找到他感兴趣的东西，也就不可能那么容易接近他了。”

这在生意场上算是有价值的技巧吧？难道不是吗？我们来看看亨利·迪韦尔诺瓦先生的例子。迪韦尔诺瓦先生就职于纽约的一家糕点批发公司。

他一直都在努力把自己的面包销往纽约一家大酒店。4 年来，他每周都会去拜访这家酒店的经理。这位经理参加的所有社交活动他都会参加，甚至还在酒店里开了房间住在那里，就是为了做成这笔生意，但他没能成功。

“然后，”迪韦尔诺瓦先生说，“在学习了人际关系学后，我决心改变策略。我要找到他的兴趣点，研究如何才能唤起他的热情。

“后来，我发现他是一个名为‘美国酒店迎宾员’协会的成员。他不仅是这个协会的成员，还凭着高涨的热情成了会长，同时他还是‘国际迎宾员’组织的主席。无论这些组织在哪里集会，他都会去。

“所以，后来再见到他的时候，我就开始谈论这些组织的情况，也的确得到了他的回应，还是非常热烈的回应！他跟我讲了半小时迎宾员组织的相关情况，声音因激动而颤抖不已。我非常清楚这个协会不仅仅是他的业余爱好，更是他全部生活的激情所在。在我离开他的办公室之前，他把协会的一个会员资格‘卖’给了我。

“与这位经理交谈的整个过程中，我压根儿没提有关面包的话题。但几天之后，酒店服务员竟然通知我带着样品和价格表过去。

“‘我不知道你跟我们老板都说了什么，”那个服务员接待我时说，“但他的确是被你迷住了。’

“想想吧，4 年时间里，我一直对这位先生穷追猛打，就是想与他做生意，而如果我最终没有找到他的兴趣点和他想谈论的事情，可能现在还在对他穷追不舍呢。”

来自马里兰州的爱德华·哈里曼先生在退伍后选择住在美丽的坎伯兰山谷。不幸的是，当时工作机会很少。为此，他作了个小调查，结果显示当地很多公司不是归一个不寻常的企业家冯克豪瑟所有，就是由其控股。冯克豪瑟白手起家最终成功致富的经历吸引了哈里曼先生。然而，那些前来找工作的人根本就见不到冯克豪瑟先生。哈里曼先生写道：

“我拜访了许多人，了解到冯克豪瑟先生的主要兴趣就是赚钱和追逐权力。因为他总是让他那位恪尽职守的女秘书将所有求职者都挡在门外。于是我便研究这位秘书的兴趣和目标，然后在没有提前打招呼的情况下就去了她的办公室。她已经在冯克豪瑟先生身边工作了将近 15 年。我告诉她我想同冯克豪瑟先生面谈，这能让他获得经济和政治上的成功。看起来她对这个想法很感兴趣，我也对她在冯克豪瑟先生的成功之路上发挥的积极作用表示了赞赏。此番对话之后，她便安排我与冯克豪瑟先生会面。

“我走进冯克豪瑟先生宽敞、气派的办公室，决定不直接和他谈求职的问题。他坐在一张很大的雕花桌子后面，声如洪钟：‘什么事，年轻人？’我说：‘冯克豪瑟先生，我相信我可以为你带来挣钱的机会。’他立即起身把我让到铺着软垫的大椅子上。我陈述了我的想法，也列举出自身实现这些想法所具备的条件，还给他讲了这些想法怎样才能促进其公司发展及个人成功。

“而冯克豪瑟先生也如我预料的那样马上雇用了我。此后的 20 多年，我在他的企业中成长，而他的企业也在壮大。”

谈论他人的兴趣是个双赢的做法。霍华德·赫齐格是员工对话领域的领导，他始终奉行这项原则。有人问他这样做能得到什么回报，赫齐格先生答道，他从每个人那里得到的东西都不一样，但总体来讲，他同他人的每次谈话都是拓展自己人生的一个良机。

• 原则 5：

谈论对方感兴趣的话题。

让别人觉得自己很重要

我正在纽约市 33 大街与第八大道交界处的邮局排队等着寄挂号信时，发现那个职员好像觉得他的工作特别无聊：称信封重量、发邮票、找零钱、发送回执，年复一年地重复这些单调的工作。所以我对自己说：“我得试着让那个职员喜欢我。很明显要想让他喜欢我，我必须得说点好听的，不说我的事，只说他的事。因此我问自己，他身上有什么令我由衷欣赏的特质吗？很多时候这个问题都不好回答，特别是与陌生人相关的问题。但在今天这种情况下，它恰恰变得简单了，我马上就在他身上发现了令人欣赏的特质。”

因此，在他给我称信封的重量时，我热情地说：“我多希望有一头你这样的头发啊。”

他抬起头，惊愕地看着我，面带微笑的脸颊神采飞扬，“啊，可不如从前了。”他谦虚地说。我告诉他，尽管这满头浓发也许失去了一些原始的光泽，但发质依旧很好。他非常开心，临走时，他说：“很多人都羡慕我的头发。”

我敢打赌，这个人一整天都会兴高采烈。我敢说他晚上回家一定会把这件事情讲给妻子听。我也敢说他会对着镜子中的自己说：“我的发质真的很好。”

有一次我在公众场合讲了这个故事之后，一位先生问我：“你想从他那得到些什么呢？”

我想从他那得到什么？我能从他那得到什么！

如果一个人如此自私，自私到如果不能得到什么的话就不让别人感到幸福，就不会给别人一丝一毫真心的赞赏；如果一个人的灵魂如此狭隘，还不及酸山楂那样大，那么他总是遭遇失败也就不足为奇了。啊，对了，我的确想从那个小伙子身上得到点什么。我想要的是无价之宝，而我也已经得到了——我得到了一种我能为他做些什么却不求回报的感觉。这种感觉会在事后的很长时间里还萦绕在我的脑海里，久久不能遗忘。

有一项法则在人类行为中十分重要，如果我们遵守这个法则就永远不会陷入麻烦。实际上，如果我们遵守了这项法则，它就会使我们拥有很多朋友，永远幸福。然而一旦打破了这项法则，我们就会陷入无边无尽的麻烦之中。这项法则就是：永远让他人认为自己很重要。约翰·杜威曾经说过，“变得重要的欲望是人性中最深的悸动”。威廉·詹姆斯也说过：“人性中最深刻的特质即为渴望被赞赏。”我曾指出，正是这种欲望把我们与动物区别开来，也正是这种欲望衍生出了人类文明。

哲学家花了几千年时间研究人际关系中的规则，而最终他们只发现了一个重要的规则。这一规则并不新颖，古朴得很。2 500 年前，波斯先知、拜火教创始人索罗亚斯德就把它传授给他的追随者。2 400 年前，孔子也曾在中国讲授这一准则。道家的创始人老子也在函谷关将这一准则传授给他的弟子。早在耶稣诞生前 500 年，佛祖就在恒河边讲道，传授这个道理。印度教的圣书传授这个道理比佛祖还要早 1 000 年。1 900 年前，耶稣本人在犹大山地的石山中讲授了这个道理。耶稣将其归结为一点，也许这是世界上最重要的准则了：己所不欲，勿施于人。

你希望得到圈内人的肯定，希望自身的真正价值得到认可，希望在自己的小世界里获得一种受重视的感觉。你不想听那些廉价而虚伪的奉承话，迫切需要真诚的赞赏。你希望自己的朋友和同事成为查尔斯·施瓦布口中“绝不吝惜赞美之词”的人。我们大家都希望这样。

因此，我们要遵守这条黄金原则——己之所欲，先施于人。如何做？何时做？在何处做？答案是：随时随地都要奉行这一原则。

来自威斯康星州欧克莱尔的戴维·史密斯有一次在课堂上讲述了他是如何处理一个微妙状况的，他当时被派去负责看管义演音乐会的饮品站。

“音乐会在一座公园内举行。活动当晚，我看见公园里的饮品站旁站着两位上了年纪的女士，她们的情绪很激动。很显然，她们两人都觉得自己是这个地方的负责人。就在我站在那儿想应该怎么办的时候，赞助委员会的一个成员出现了，她同我握了握手，递给我一个钱柜，感谢我接手管理这个饮品站。她把萝丝和简两人介绍给我做助手，然后就匆匆走开了。

“这位女士走后，我们3人全都沉默了。我意识到手里的钱柜在某种程度上是一种权力的象征，我把钱柜交给萝丝并解释说我很可能管不好这些钱，如果她能替我保管一下，我会感激不尽。然后我建议简负责带两位年轻人工作，这两个人是组委会派到饮品站来的，我请简负责告诉他们如何操作那些自动饮料机。

“那晚大家过得都很愉快：萝丝高兴地数钱，简监督这两位年轻人工作，而我则一直在欣赏音乐会。”

你无须等到自己做了驻法大使或是成了你们小区的露天宴会主席之后才运用这种原则，你每天都可以运用这个原则来创造奇迹。

例如，如果餐厅侍者端上来一盘土豆泥，而我们点的却是炸薯条，我们就可以说：“很抱歉麻烦您，我们更想要炸薯条。”多数情况下她都会回答："没问题！"然后很高兴地把土豆泥撤下去，因为我们对她表示了尊重。

"很抱歉麻烦您"、"您能不能受累帮我们……"、"能请您……"、"您介意……"、"谢谢"这样短小的礼貌用语是单调生活的润滑剂，而且它们会在不经意间显现出一个人所受到的良好的家庭教育。

我们再举个例子。霍尔·凯恩写过很多小说——《基督徒》(*The Christian*)、《主教之子》(*The Deemster*)、《曼岛人》(*The Manxman*)，这些书在20世纪早期都是畅销榜上的头几名，读者数百万。霍尔·凯恩本人是个铁匠的儿子，他一生中接受的学校教育也不过短短8年，然而他在过世时已经成为那个时代最富有的作家了。

他的故事是这样的：霍尔·凯恩非常喜欢十四行诗和民谣，因此他研读了但丁·加百列·罗塞蒂的所有诗歌。他甚至还写了一篇文章赞扬罗塞蒂的诗歌的艺术成就，还把它寄给了罗塞蒂本人。罗塞蒂读后十分高兴，可能他会自言自语道："能对我的能力作出如此评价的人一定很有才华。"于是罗塞蒂便邀请这个铁匠的儿子来到伦敦做他的秘书。这就是霍尔·凯恩生命中的转折点，因为在新的岗位上他就可以见到那个时代许多当红的文学艺术家了，他们的建议令他受益匪浅，他们的激励令他欢欣鼓舞，于是他开始从事一项能让自己名扬世界的工作。

他位于马恩岛的家后来成了全球各地游客的朝圣之地。然而谁又曾想过，如果当年没写过那封对罗塞蒂表达敬仰之情的信，他很可能贫病交加，不名一文。

这就是真诚而由衷的赞扬的力量，惊人的力量。

罗塞蒂认为自己很重要，这并不奇怪。几乎每个人都认为自己很重要，非常重要。

如果有人能使他们感到自己的重要性，很多人的生活轨迹都很可能被改写。罗纳德·罗兰是我们在加利福尼亚培训部的一名讲师，也是艺术与手工培训班的教师。他曾经写信告诉我们初级手工班上一个名叫克里斯的学生的故事：

> 克里斯是个非常安静又有点害羞的男孩，非常缺乏自信。他是那种常常得不到应有重视的学生。我教授高级班的课程，这个班已经成了一种地位和特权的象征。要进这个班，学生首先得争取到这个权利。周三那天，克里斯正在自己的工作台前兴高采烈地工作。我真的能感受到他内心深处隐藏的热情，于是便问他是否想进入高级班学习。我多希望自己能用文字描述出克里斯脸上的表情，他强忍住泪水说："谁？是我吗，罗兰先生？我有那么好吗？"
>
> "是的，克里斯，你很棒。"
>
> 说完这句话之后，我就离开了那里，因为眼泪已经在我的眼眶里打转了。那天克里斯走出教室的时候好像高了两英寸。他用湛蓝色的眼睛看着我，非常开心地说："谢谢您，罗兰先生。"
>
> 克里斯教会了我一个永生难忘的道理——我们深深渴望被人重视。为了帮助自己牢记这条准则，我做了一块牌子，上面写着"你很重要"。这块牌子就挂在教室前面，这样大家都能看到。这块牌子也时刻提醒我，让我记住自己面对的每个学生都同样重要。

你见过的每一个人都认为自己在某方面比你强，这是个亘古不变的真理。想走进他们心里有一种可靠的方法，那就是你要不着痕迹地让他们意识到你觉得他们很重要，而且是打心底就这样想的。

要记得爱默生曾经说过的那句话："从某种意义上讲，我遇到的每一个人都比我傲慢，而我正是通过这种傲慢来了解他的。"

但悲哀的是，那些最没有理由获得成就感的人却总是利用得意和自负等令人讨厌的做法来保护自己的自尊心。就像莎士比亚说的那样："……人，骄傲的人/ 有了一点小权利/ ……/ 在上天面前耍花样/ 这样会使天使都哭泣。"

接下来我会告诉你，来参加课程的那些商界人士都是怎样应用这些原则的，又获得了怎样的效果。举个康涅狄格州的律师的例子。

参加课程之后不久，这位先生开车带着他太太到长岛拜访一些亲属。妻子把他留下和她的一个老姑妈聊天，自己则出去拜访一些年轻的亲属。因为他很快就要在课堂上作一个演讲，告诉大家自己是如何应用赞美这一准则的，他觉得和这位上了年纪的女士聊天会获得难得的体验，所以他环顾四周，想看看这座房子里有什么东西可以让他真心赞美一番。

"这座房子是 1890 年前后建的，对吧？"他问。

"是的，"她答道，"就是在 1890 年建的。"

"它使我想起了我出生的那座房子，"他说，"那座房子很漂亮，质量也很好，很有家的感觉。您知道，现在他们已经不再建这样的房子了。"

"你说得对，现在的年轻人不喜欢漂亮的房子。他们就想要一座小公寓，然后就开着车到处闲逛。"这位老妇人接着他的话说。

"这就是我梦想中的房子，"她颤抖着说道，仿佛记忆中最柔软的部分被触动了，"这座房子是用爱建成的。盖这座房子之前，我和丈夫好多年一直都梦见它的模样。我们没有建筑师，这座房子的一切全是我们自己设计的。"

她带这位先生参观了整座房子，这位先生也在参观过程对她介绍的各种宝贝表达了由衷的赞美——那些东西都是她在旅途中精心挑选带回家来的，她珍藏了一辈子，其中有佩里斯披肩、一套古旧的英式茶壶、韦奇伍德瓷器、法式的床铺和椅子、意大利油画和曾经挂在法国城堡里的丝绸窗帘。

带这位先生参观了整座房子之后，他们来到了外面的车库。那里有一辆崭新的帕卡德轿车停在堆起来的石块上。

“我丈夫给我买了这辆车，不久之后他就去世了。”她平静地说道，“从他走后，我就再也没有开过这辆车……你懂得欣赏美好的东西，现在我就把这辆车送给你。”

“这可使不得，姑妈，”他说，“这礼物太贵重了。我很感谢您这样慷慨，但我不能接受。我连您的直系亲属都算不上。我有一辆新车，而您的亲属中很多人也许都想要这辆车呢。”

“亲属？”她大声说，“的确，我有很多亲属，他们都在等着我死，我一死他们就能得到这辆车了，但是他们都别想得到它。”

“如果不想把车送给他们的话，您可以把它卖给二手车商。”他对她说。

“卖了？”她叫道，“你觉得我会卖了这辆车？你觉得看着一个陌生人开着这辆车我能受得了吗？这可是我丈夫给我买的车！我从来都没想过要卖掉它。我要把这辆车送给你，因为你懂得欣赏美好的事物。”

这位女士独自一人住在这样一座大房子里，陪伴她的只有她的佩里斯披肩、法国古玩，还有她的回忆。她多么希望能有人给她一点认可。她也曾年轻过、漂亮过，也曾有很多追求者。她也曾亲手建造了一个充满爱的温暖小窝，然后从欧洲各地收集许多物件，把这座房子布置得温馨而美好。现在，她将在孤独中慢慢老去，内心渴望一点温情，一句由衷的赞赏，却没人这样做。如今她从我这儿得到了这份温情和赞赏，这份情谊就像沙漠中的一湾清泉一样，于是她坚持要把自己最珍视的那辆帕卡德车赠予我，只有这样才能表达她满心的感激之情。

再举个例子。唐纳德·麦克马洪是刘易斯–瓦伦丁园艺公司的主管，同时还是纽约州拉伊小镇的景观设计师。他给我们讲述了这样一个故事：

在参加了“如何赢得朋友和影响他人”这门课程之后不久，我去给一个知名法官做庭院设计。主人走出来告诉我，他想在院子里的某个地方种一丛杜鹃。

我说：“法官大人，您这个爱好真好。我已经在欣赏您这些漂亮的小狗了。我终于明白您为什么每年都能在曼迪逊广场花园的展示会上赢得很多蓝绶带了。”

这小小的赞扬却收获了惊人的效果。

“是啊，”这位法官回答道，“这些狗的确给我带来了很多美好时光。你想看看我的狗舍吗？”

他花了差不多一个小时给我介绍他那些狗和它们曾经获得的奖项。他甚至把狗的家谱拿了出来，告诉我它们优雅美妙的体态是和它们的血统分不开的。

最后，他转向我问道：“你有孩子吗？”

“有啊，”我答道，“我有个儿子。”

“那他想要只小狗吗？”法官问道。

“如果有一只，他肯定高兴极了。”

“好极了，我送他一只吧。”法官说。

他开始给我讲喂养小狗的方法。然后他顿了一下，说道：“如果我只讲给你听，你可能会忘记，我给你写下来吧。”法官走进房间，把血统和喂养方法打印出来，还给了我一只价值几百美元的小狗。他花了75分钟的宝贵时间和我讲这些事情，很大程度上是因为我对他的爱好和成就表达了由衷的赞美。

柯达名人乔治·伊士曼发明了透明胶片，使动画电影变为可能。他积累了几百万美元的财富，也使自己成为地球上最有名的企业家。然而除了这些巨大的成功之外，他也像你我一样渴望得到别人的认同与肯定。

伊士曼在罗彻斯特大学建设伊士曼音乐学院和库伯恩礼堂的时候，当时的纽约卓越座椅公司总裁詹姆斯·亚当森希望拿到项目中的座椅订单。于是亚当森先生给负责项目的建筑师打电话，通过他约请伊士曼先生面谈。

亚当森到了约见地点之后，那位建筑师说道："我知道你想得到这份订单，但如果你在乔治·伊士曼的办公室里逗留的时间超过5分钟，就没什么好果子吃了。他是个纪律严明的人，也非常忙。所以你简单讲明来意之后就赶紧出来吧。"

亚当森本打算就这么做了。

当他走进办公室的时候，伊士曼先生正俯身在桌子上的一堆文件里找些什么。过了一会儿，伊士曼先生抬起头，摘下眼镜，向建筑师和亚当森先生走过来，说道："早上好，先生们。有什么事需要我帮忙吗？"

建筑师为他们介绍彼此，然后亚当森说："刚才等您的这段时间里，我一直在欣赏您的办公室。我自己也想坐在这样的办公室里办公，我就是做室内木制品生意的，而我自己这辈子都没见过这么漂亮的办公室。"

乔治·伊士曼答道："你要不说，我还真是差点儿忘了。我的办公室很漂亮，不是吗？刚建好的时候，我非常喜欢它，但我现在要操心的事情太多了，有时几周都不会抬头看这间屋子一眼。"

亚当森走过去，用手抚摸着一块拇指镶嵌板，说道："这是英国橡木吧，纹理与意大利橡木有些不同。"

“是的，”伊士曼先生答道，“这是进口的英国橡木，是我一个精通木材的朋友特别帮我挑选的。”

然后，伊士曼带亚当森参观了他的办公室，品评着装潢的比例、颜色、工艺和他本人参与设计及完成的其他效果。

他们随意地在办公室里边走边看那些木制品，然后在一扇窗户前停下了，乔治·伊士曼用一种谦恭而温和的口吻谈起了几家机构，他正通过这些机构帮助更多的人：包括罗彻斯特大学、综合医院、顺势疗法医院、友好之家和儿童医院。亚当森先生热烈祝贺他找到了一种利用财富的理想途径，这个途径可以减少人类的痛苦。过了一会儿，乔治·伊士曼打开了一个玻璃盒子，从里面拿出了他有生以来的第一台相机——这是从一个英国人那里买来的发明。

最后亚当森问到伊士曼先生早年间白手起家的经历。而伊士曼也对自己童年的困苦充满感慨。对贫困的恐惧日夜困扰着他，他下定决心要挣很多钱，这样母亲就不用工作了。亚当森先生怕他伤心，及时转移了话题，继续问他创业的问题。当伊士曼先生讲到自己做干胶片实验的时候，亚当森先生专注地听着，被他的故事深深吸引住了。伊士曼先生告诉他，那时候自己一整天都泡在办公室里，有时候整晚都要进行实验，只在那些化学药品发生反应的过程中抽空小睡一会儿。有时候一连 72 小时都处于这种状态，只能和衣而眠。

詹姆斯·亚当森是在 10 点 15 分的时候走进伊士曼先生的办公室的，那时候他被告知最多只能在里面待 5 分钟。但一个小时过去了，两个小时过去了，他们还在交谈。最后，乔治·伊士曼对亚当森说：“上次我去日本的时候买了几把椅子带回来，放在有阳光的浴室里，但晒过之后它们褪色了，所以我去市中心买了些颜料，然后自己上了色。你想来看看我的活儿干得怎么样吗？来我家共进午餐吧，我给你看看这些椅子。”

午饭过后，伊士曼先生给亚当森看了他从日本带回来的椅子。这些椅子值不了几美元，但是身家百万的乔治 · 伊士曼却为它们感到自豪，因为是他亲手给这些椅子上的色。

礼堂座椅的订单总计 90 000 美元。你认为谁会得到这份订单呢？是詹姆斯 · 亚当森还是他的竞争对手？

从那时起直到伊士曼先生过世，他和詹姆斯 · 亚当森都保持着亲密的朋友关系。

克劳德 · 马里斯在法国鲁昂经营着一家餐厅，他正是应用了这条准则才留住了餐厅中一位重要的员工。这位女士已经在他的餐厅工作 5 年了，是马里斯先生和其他 21 名员工之间保持联系的重要纽带。在收到这位员工的辞职信时，他感到特别震惊。

马里斯先生在课堂上说："当时我非常吃惊，更多的是失望，因为此前我一直认为自己对她很公平，有求必应。因为我觉得她是我的朋友，但同时也是我的员工，所以我可能把她的付出看得太过于理所当然了，对她的要求也比对其他员工严苛得多。

"当然，我不可能在没有听到任何解释的情况下就接受她的辞职。我把她叫到一旁，问道：'波莱特，你心里清楚我肯定无法接受你的辞职。你对我和公司来讲都太重要了。这家餐厅的成功离不开我，也离不开你。'我在全体员工面前重复了这些话，还邀请她到我家做客，在全家人面前重申了我对她的信心。

"波莱特收回了她的辞职申请，现在我比以前更依赖她了。我经常感谢她所做的一切，告诉她这对我和餐厅来讲有多么重要。"

曾经统治过大英帝国的那个精明至极的迪斯雷利曾经说过："同他人谈论他们自己，他们听上几个小时也不会腻烦的。"

• 原则 6：

让别人认为自己很重要，而且要诚心诚意这样做。

温馨小结

让他人喜欢你的 6 种方法：

- 原则 1：真心关注他人。
- 原则 2：微笑，微笑。
- 原则 3：要记得，对任何人来讲，自己的名字永远是世界上最美妙、最重要的声音。
- 原则 4：做个出色的倾听者，鼓励他人谈论自己。
- 原则 5：谈论对方感兴趣的话题。
- 原则 6：让别人认为自己很重要，而且要诚心诚意这样做。

第三章

如何让他人信服你

HOW TO
WIN FRIENDS
AND INFLUENCE PEOPLE

避免陷入争论

“一战”结束后不久，我在伦敦学到了宝贵的一课。当时我担任飞行员史密斯爵士的助理，他是大战期间澳大利亚军队派往巴勒斯坦的一张王牌。战争结束后，他仅用30天就驾机绕地球半周，这一空前的壮举让整个世界为之震惊。澳大利亚政府奖励他5万美元奖金，英国国王授予他爵士称号，他很快成为英国大街小巷议论的焦点。一天晚上，我参加了他的庆功宴。坐在我旁人的男士给我讲了一个笑话，其中引用了这么一句话：“上帝已经决定了我们的宿命，我们只能将它粗略地改造。”

这位健谈的男士说这句话出自《圣经》。他说错了，我知道他错了，而且非常肯定地知道他错了。为了显示自己的博学，我用不容置疑的口吻纠正了他的错误。他立刻被噎得说不出话来。什么？这句话是莎士比亚说的？不可能，太荒唐了！这句话出自《圣经》，肯定是《圣经》。

这个讲笑话的男人坐在我的右边，我的老朋友弗兰克·加蒙德坐在我的左边。加蒙德先生曾经致力于研究莎士比亚，所以我们同意让他评评理。加蒙德先生听后，暗中踢了我一下，说道：“戴尔，这位先生说得没错，这是《圣经》中的一句话。”

当晚回家的路上，我对加蒙德说：“弗兰克，你肯定知道这句话是莎士比亚说的。”

“对，我当然知道，”他回答，“这句话出自《哈姆雷特》第 5 幕第 2 场。但是亲爱的戴尔，我们是参加一个庆功晚宴，在大家都开心的时候何必指出别人的错误呢？这种行为会让他喜欢你吗？为什么不给他留点面子呢？他无意询问你的看法，你又何必与他争执？记住，要避免与人产生冲突。”这番话我会铭记一辈子。我的行为不仅让讲笑话的男士颜面无存，还把朋友推向了尴尬的境地。如果我不热衷辩驳，当时的气氛就会融洽许多。

这个教训来得十分及时，因为我已经习惯了与人争执。年少时，我与哥哥争论的话题可谓无所不包。进入大学后，我选修了逻辑与论证课程，还参加了多场辩论赛。只要有人谈到我的出生地密苏里州，我就会显摆自己对当地的了解。后来我在纽约讲授论证与辩论的课程，甚至有一次——我都羞于承认——我还打算写一本这方面的书籍。从那时开始，我倾听、参加、观摩了上千次的辩论。我最终得出的结论是，赢得争论的办法只有一种，那就是永远不要争论。

就像躲避响尾蛇和地震那样，避免与人争论。

10 场争论中，有 9 场都是以这种方式结束的：双方都固执己见，都更加相信自己掌握的才是真理。

永远不要期望在争论中获胜，即使你赢得了争论，实际上也是输的。为什么呢？假定你将对方批驳得体无完肤，证明他脑子不正常，那又怎样？你感觉良好了，而他呢？你伤害了他的自尊，让他感觉低人一等。他势必对你表示不服。如果一个人不是打心底认可你的观点，他的内心还会坚持原来的想法。

几年前，帕特里克 · 奥哈尔参加了我的一个培训班。他没有受过什么教育，总喜欢与人争执打架。他曾经做过一段时间司机，后来又做卡车销售工作。之所以来上我的课是因为他一直十分努力地推销卡车，却卖不出去一辆，于是便来向我求助。一番简单的交谈过后，我找到了原因所在：他做生意时总爱争辩，而这一点让客户极为反感。每当有潜在客户挑卡车的毛病时，他总觉得如鲠在喉，怒气冲冲地欲与其争之而后快。他确实赢得了多场争论，他告诉我："我一面走出客户办公室，一面想我已经训斥过那混蛋了。可是我虽然训斥了他，却没能将卡车卖给他。"

听完这些后，我不打算教授奥哈尔说话的艺术，因为当务之急是帮助他克制自己的言行，避免与人产生冲突。

后来奥哈尔先生成了纽约怀特汽车公司的星级销售员。他是怎么做到的呢？他如是说：

> 如果客户对我说："什么？怀特汽车？它的质量糟糕透了！你白给我一辆我都不要。我宁愿随便去买一辆随便什么牌子的卡车也不会买怀特。"无论他说的是什么牌子，我都会告诉他："这家公司的卡车确实不错。质量好，销售人员也很友善。"
>
> 我赞成了他的观点，他便无话可说了，他不至于一直嚷嚷这家公司多么好吧。然后我抛开这家公司的话题，为他介绍起怀特卡车的优点。
>
> 要是在以前，我肯定会跟他争得面红耳赤，总是这样的情形：我越说这家公司的不是，他就越替这个牌子争辩；他越争辩，就越相信这个牌子的卡车才是他不二的选择。
>
> 现在回想起来，我也觉得纳闷儿，我以前那样的脾气怎么可能卖出东西呢。我已将青春浪费在了辩驳、争执之上，现在我收敛了，才会有所收获。

正如睿智的本杰明·富兰克林曾经说过的那样："辩驳可能会为你带来胜利，但是这种胜利是毫无意义的，因为对方并不会由衷地认可你。"

请你仔细思考一下，你追求的是形式上的胜利还是对方由衷的认可？两者兼得是不大可能的。

《波士顿文摘》曾经刊登了一首寓意深刻的打油诗：

> 这里躺着威廉·杰伊的身躯，
> 他捍卫着他的真理逝去，
> 那是绝对的真理，
> 而他的真理，正如他的生命一样，不堪一击。

或许你的观点是正确的，是绝对正确的；但是在对方眼里，你的观点一如你争执时的态度一样，不可理喻。

弗雷德里克·帕森斯是一位税收顾问，他曾与政府的税务监察员为9 000美元争执了近一个小时。帕森斯称这9 000美元是一笔坏账，不需要纳税。"你在胡说八道！我认为它就该纳税。"监察员反驳道。

后来，帕森斯在我的课堂上说起了这件事：

> 那个监察员相当呆板，脾气还暴躁，他完全不看实际情况，我跟他讲道理也没用……我们争论得越久，他越固执。于是我决定换个话题，找机会赞美他一番。
>
> 我对他说："你平时解决了那么多棘手的难题，这件事在你看来一定是芝麻大的事。我虽然研究过税收，但是肚里装的都是些空洞的书本知识。而你呢，你的知识是从实实在在的经验里得来的，我特别羡慕你，如果我也能有你这样的工作，就能学到更

多东西了。”我每一句话都说得很真诚。

“哦？”监察员在椅子上挺了挺身子，然后向后一靠，给我讲起了他工作中的故事，比如他是如何揭穿税务诈骗的。他的语气渐渐友好起来，还跟我聊到了孩子的事情。起身离开时，他说他会深入调查我提出的问题，几天之内给我答复。

3 天后，他来到我的办公室，告诉我他已经决定将那笔 9 000 美元的税款分毫不差地物归原主。

我们可以从这位监察员身上看出人性中最常见的弱点——渴望被重视。在与帕森斯先生争论的时候，他厉声呵斥是为了维护自己的威严。而一旦得到了认可和尊敬，他就能平静下来，变得友善而富有同情心。

佛祖曰：仇恨永远无法化解仇恨，唯有爱方能化解仇恨。同样，争论也永远无法化解误会。当你深谙为人处世之道，懂得退一步海阔天空并愿意关心他人的想法之时，你才能解开人与人之间的心结。

林肯手下的一位军官常常与同僚发生冲突，林肯痛斥了他一顿。“伟人是不会浪费时间争吵的，”林肯说，“因为他无法承担争吵带来的后果，比如脾气变得暴躁、自我控制力下降。你的事情再大，也大不过人类的平等。就算是关乎切身利益的小事，也要学会忍让。与其与狗争道，不如站在一旁等它先过。因为要杀掉那只狗，你自己也不可能毫发无损。”

《平凡的小事》中有一篇文章为我们讲述了如何正确对待分歧，如何将争论扼杀在摇篮里：

欢迎不同意见。请记得这句话：“如果一对搭档不会产生分歧，那么其中一人就没有存在的必要了。”如果对方提出了你不曾想到的问题，那么你应该庆幸。分歧也许会帮助你纠正一个严重的失误呢。

你应该抛弃那些先入为主的观念，卸下心理的防备。你要小心，要保持冷静，因为你的第一反应可能会吞噬你的理智。

你应该控制自己的情绪。记住，人们都是用脾气来衡量一个人的气量大小的。

首先，倾听对方的观点，一定要耐心听他说完。如果你中途插话，进行反驳和辩护，你们之间的隔阂只会越来越深。你需要做的是建立起沟通的桥梁，而不是加深隔阂。

其次，寻找认同点。听对方说完话后，请认真想一想，有哪些观点是你也认可的。

要虚心承认自己的错误，积极为自己的错误道歉，这会使对方卸下防备。

向对方承诺你会仔细思考他的观点，并且说到做到，因为对方的观点很有可能是正确的。此时考虑他们的观点，是为了避免让对方有机会数落你："我们曾试图向你解释，但你就是不听。"

真诚地感谢对方。他愿意花时间与你探讨这一问题是因为他与你有同样的兴趣。你可以将他看做一个真心想帮助你的朋友。

改天再讨论这一问题，留给双方更多的考虑时间。当所有细节都考虑在内时，你们就可以安排见面了。别急，见面前先问问自己下面几个问题：

他的观点有可能是正确的吗？或者说，有一部分是正确的？他的论点有什么可取之处？我今天就能解决这一分歧，还是只能发泄我的不满？我今天会让对方敬而远之，还是会赢得对方的认可？我今天会让别人对我有更多好感吗？我会赢还是会输？如果我赢了，我会付出什么代价？如果我保持沉默，能不能化解分歧？这个困难对我来说算不算一个机会？

男高音歌唱家简 · 皮尔斯在金婚之年时说："很久以前，我和妻子有个约定，当一个人怒不可遏时，另一个人必须静静地倾听。因为如果两个人都怒吼起来，沟通就无法继续进行了。我们说好往后的日子里无论我们对彼此有多么不满，都要遵守这个约定。"

• 原则 1：

赢得争论的办法只有一种，那就是避免争论。

尊重他人的意见

西奥多 · 罗斯福执政时曾经坦陈，如果他执政期间所做的事情中有 75% 是正确的，那他就心满意足了。

这位 20 世纪最杰出人物的最高期望尚且是这样的比例，那你我的正确率又能达到多少呢？

如果你确信自己的正确率只有 55%，那就可以到华尔街工作，每天挣个 100 万美元；可如果你的正确率连 55% 都达不到，又有什么资格对别人说三道四呢？

你可以挖空心思，通过一个眼神、一种声调或一个手势来指责他人，就像你曾经用语言指责别人那样。可你以为这样就能让他人忏悔了吗？别做梦了！你否定了他们的智商和判断力，伤害了他们的骄傲和自尊，令他们只想回击。也许你会搬出柏拉图和康德的逻辑理论吓唬他们，但是你根本改变不了他们，因为你已经伤害了他们的感情。

永远不要对人说："让我来告诉你你究竟错在哪里。"这很伤人，因为它的言下之意是："我比你聪明，让我来教教你什么才是正确的。"

这么做会将人推向对立面，甚至在你开口之前他就已经作好与你为敌的准备了。

即使用最友善的言语也难以改变一个人的观念，而犀利的责备只会令事情难上加难。何必让自己陷入困境呢？

如果你想指出他人的错误，请换一种方式巧妙地道出。下面这段话是亚历山大·波普告诫我们的：

> 教人于无形，称其无知为多忘，人方可受教。

300 年多前，伽利略也曾说：

> 你无法教会他人什么，你只有引导他人去发现。

切斯特·菲尔德爵士告诉儿子：

> 你要比他们聪明，但是不要告诉他们。

在雅典，苏格拉底一再对他的学生说：

> 我只知道我一无所知。

我的智慧远不及苏格拉底，所以我不再指责他人的过失。我发现这种改变是值得的。

如果你认为别人错了，即使你肯定他错了，你也应该委婉地对他说："我不这么认为。也许是我错了，我常常犯错。如果你发现了我的错误之处，请一定帮我指出，我们可以一起探讨。"

这样的句子是有魔力的：也许是我错了，我常常犯错，我们可以一起探讨。

不论是天上的天使、地下的恶魔还是水中的妖怪，都难以抗拒这样的句子：也许是我错了，我们可以一起探讨。

我班里的学员哈罗德·莱因克是蒙大拿州比林斯地区的汽车经销商，他就运用了上述方式与客户交谈。他说，汽车行业中的每个人都顶着巨大的压力，所以当他接到客户的投诉时总是态度冰冷、语气不耐烦，这种做法使交谈变得十分不愉快，有的客户发誓再也不会光顾了。他说：

> 我这样做有百害而无一利，必须换一种方式了。我对客户说："我们的服务难免会有疏忽之处，为此我感到十分抱歉。如果您有任何不满，请告诉我。"
>
> 这就安抚了客户的情绪。当我们谈到处置方案时他就会变得通情达理。许多客户感谢我，夸我态度好。还有两位客户介绍朋友来我这里买车。在这个竞争激烈的汽车市场里，我们需要更多这样的客户。我相信谦逊有礼地对待客户、尊重他们的意见是在竞争中制胜的关键。

积极认错会让你远离纷争。而你开阔的胸怀也会感染对方，让对方变得坦诚，甚至也会向你认错呢。

如果你对他人的错误直言不讳，结果会怎样？我们来看一个例子。纽约一位年轻的律师苏先生曾在美国高级法院为一个重大案件做辩护，这个案件涉及一笔巨款以及一个重要法律问题。辩护过程中，一位法官问他："海事法的诉讼时效是6年，不是吗？"

苏先生愣住了，盯着法官看了一会儿，不客气地回答道："法官大人，海事法是没有诉讼时效的。"

苏先生在我的课堂上回忆起当时的情形：

> 法庭上顿时鸦雀无声，空气似乎凝固了。法官犯了常识性错误，我还直截了当地告诉了他。法官会因此变得友好？别做梦

了。我相信自己说得没错，我从来没有如此确信过一件事，可是，我没能让法官相信我。我当众指出了一位富有威望的、受过良好教育的绅士的错误，这么做真是大错特错。

这个世界上理智的人并不多。绝大多数人都心怀成见，这种成见来自于嫉妒、猜疑、恐惧、傲慢和先入为主的观念。绝大多数人也不愿改变自己的抉择，比如宗教信仰、发型以及崇拜的明星等。所以，如果你忍不住要指出他人的错误，请在每天早餐前读读下面这段文字，它们出自詹姆斯·哈维·鲁滨逊的心灵读本《成长中的心智》（*The Mind in the Making*）。

有时候，我们会在不经意间改变自己的看法。但当别人指出我们的错误时，我们就会心生厌恶，并在心中设下一道防线。我们的信念于不经意间形成，然而一旦有人着意要让我们改变这些信念，我们便会做出过激反应。显而易见，重要的不是信念本身，而是我们受到挑衅的自尊……小小的“我”字是人世中最重要的字眼，运用得当，它便会开启智慧之门。无论是“我的”晚餐、“我的”小狗、“我的”房子、“我的”父亲、“我的”国家，还是“我的”天啊，这小小的字眼里都蕴藏着同样巨大的能量。无论是诸如“你的手表不准”、“你的车子太破旧了”这样的批评，还是“你对火星根本不了解”、“你把埃皮克提图的名字读错了”、“你不懂水杨苷的药用价值”、“你记错萨尔贡一世的改革时间了”这样的责难，都会让我们倍感厌恶。我们乐意相信那些我们早已接受的“事实”。一旦那些假定的“事实”遭到了怀疑，我们便会心生怨恨，并找一切理由坚守自己的立场。结果，我们所谓的理智，就是寻找证据去证明那些我们早已相信的东西。

著名心理学家卡尔·罗杰斯（Carl Rogers）在他的著作《个人形成论》（*On Becoming A Person*）中写道：

> 当我尝试着理解他人的时候，我发现自己也受益匪浅。这句话也许在你看来有些奇怪。你会问，有必要让自己理解他人吗？我觉得有必要。我们对大多数（从别人那里听来的）说法的第一反应往往不是试着理解它，而是对其作出评价或者评判。每当有人表达出他的感想、态度或信仰时，我们便会马上揣度："很有道理"、"这太傻了"、"太反常了"、"真是不切实际"、"这怎么可能"、"这不太好吧"，但我们很少会设身处地考虑说话者的切身感受。

我曾经请来一位室内设计师为我制作窗帘。拿到账单时我大吃一惊，这窗帘简直是天价。

几天之后，一位朋友来到家中做客。在问过窗帘的价格后，她以一种行家的语气惊叫："什么？这也太贵了！你该不是被人骗了吧？"

她说的是实话吗？是的。可是没人爱听质疑自己判断力的实话，我本能地为自己辩护起来："一分钱一分货。这么精美的窗帘是低价买不来的。"

第二天，家中迎来了另一位客人。她被我的窗帘迷住了，不住地赞叹，她说她也想为家里添置这么精美的窗帘。这时我的反应完全不同了。"唉，其实我买贵了，"我说，"我真后悔定做之前没有问好价格。"

通常，我们是知道自己的错误的。当他人巧妙、谦和地作出评价时，我们便很乐意承认自己的错误，甚至会为自己的坦诚感到自豪。当他人道出不悦的事实并强迫我们接受时，我们便会拼力抵抗。

美国南北战争时期，著名编辑霍勒斯·格里利（Horace Greeley）极力反对林肯政府出台的政策。他相信只要掀起一系列论战和辱骂，林肯就一定会改变主意，于是他年复一年、日复一日地对林肯恶语中伤。就在林肯遭到布斯枪杀的当夜，他还写了篇文章讥讽挖苦林肯。

林肯最终赞同他的观点了吗？根本没有。讥讽和辱骂从来都是徒劳的。如果你想在待人接物、自控自律以及提高自身修养方面得到一些建议，就请读读本杰明·富兰克林的自传吧。这是迄今为止最精彩的人生故事，也是美国不朽的文学经典。你可以跟随富兰克林的自述观察到他是如何从一个争强好胜的少年蜕变为美国历史上最温文尔雅的男人的。

在富兰克林还是个冒失的年轻人时，有一天一位身为教友派信徒的老朋友将他拉到一旁，用狠话教训了他一顿：

> 本，你真是无可救药。只要有人与你意见不合，你就急着把自己的观点强加给他们。你的行为已经冒犯了他们，就别再指望他们关心你说些什么了。你不在身边的时候，你的朋友才更快乐。你的知识太渊博了，别人没法教给你什么。实际上，根本没人想教你，他们才不想引起不悦、制造麻烦呢。所以，你别指望能学到更多知识了，你现在的知识其实是相当有限的。

在我的印象中，富兰克林做得最明智的一件事就是接受了这番忠言。他有雄心，也足够聪明，他意识到再这样下去等待他的将会是失败的人生和一败涂地的社交生活。于是他来了个 180 度大转弯，马上就开始改正自己傲慢无礼和固执己见的恶习。富兰克林说：

> 我为自己定下了规矩，不得直接反驳他人，不得断然相信自己。我甚至不允许自己使用“当然”、“不可否认”这类过于绝对的字眼。我会尽量说“我猜”、“我以为”、“我是这么想的”。当发现他人的观点有误时，我不再以反驳他为乐，也不再揭穿其谬误。我会想：他的观点在其他情况下可能是正确的，但是在目前

不可行。很快我便发现这一改变让我收获颇丰。我与人交谈时气氛愉悦了许多。温和的表达更容易让他人接受，争执也不常发生了。当有人纠正我的错误时，我不再感到耻辱。我若碰巧是正确的，也可以更轻松地劝说他人放弃自己错误的观点，与我的观点保持一致。

起初，我需要强迫自己遵从这一规矩，后来就渐渐成了一种习惯，做起来越来越轻松，甚至在过去50年中再也没人听我说过一句武断的话。正是由于这一习惯（以及我正直的人格），我提出的新法案和修订的旧法案都得到民众的热烈拥护，我作为国会议员的发言也颇具影响力。我口才不佳，不善于演讲，时常不知如何措辞，但我总能清晰地表达自己的观点。

如何将富兰克林的处世方法运用到商业谈判中呢？我们来看两个例子。

北卡罗来纳州的卡瑟琳·奥尔雷德是一家纺纱厂的工程主管。她在工作中遇到了一个敏感的问题，在参加了我们的培训班之后，她便知道如何处理这种问题了。以下是她在课堂上的讲述：

我的职责中有一项是为工厂制定和实施奖励制度，以鞭策工人多多纺纱、多多挣钱。以前我们工厂只生产两三种纱布，因此这种制度实施得非常顺利。但是最近工厂加大了库存、提高了生产力，生产的纱布种类一下子提高到12种以上。所以，现行的奖励制度已经不再适用了，于是我根据工人的工作时段以及纺出的纱布等级制定了一种新的奖励制度。我带着新方案走进会议室，决心向管理部门证明我的新方案是可行的。我详细解释了他们的不足之处，比如他们在哪个环节出了纰漏，我的新方案又是如何解决这些问题的。可结果却一败涂地！我过于急切地为新方案辩护，却忘记了给他们留面子。最终我的方案没有通过。

参加了这门课程之后，我终于知道自己错在哪里了。我又召集了会议，这一次，我要他们自己谈谈问题所在。我列出了每一个问题，让他们思考最佳的解决方案是什么。我保持低调，仅在适当的间隙提出了几项建议，便成功将他们引向我的思路。会议结束时，我正式提出了我的方案，他们热情地采纳了。

现在我相信，如果你直接告诉一个人他错了，这样做非但不会带来任何好处，反而会引发许多灾难。你只是成功地践踏了那个人的尊严，还把自己变成了在任何场合都不受欢迎的人。

我们再举一个例子，记住，我举的这些例子是数千人中的典型案例。克劳利是纽约一家伐木公司的推销员。他坦言，多年以来他一直在告诉那些冷酷无情的木材检验员他们是错的。每次争执他都以胜利告终，但这却并未给自己带来任何好处。"因为这些木材检验员跟棒球裁判似的，"克劳利说，"他们一旦拿定了主意，就再也不会改变。"

克劳利发现他赢得的那些争论竟然使公司损失了数千美元，于是他来到了我们的培训班，决心通过恰当的言辞而不是争执来说服检验员改变主意。结果如何呢？他向学员们讲述了下面这个故事：

一天早晨，我办公室的电话响了。电话那端的人怒气冲冲，说送到他们工厂的木材质量完全不达标，他们公司已经停止卸货，还要求我们立即派人将木材搬走。木材卸载了约1/4的时候，他们的木材检验员报告称这批木材只有55%的合格率，因此他们拒绝收货。

我立刻前往工厂。途中我就在考虑应该如何处理这一难题。通常情况下，我会引用木材的评级标准，然后根据自己当检验员时的经验和知识向那位检验员说明我们的木材实际上是合格的，是他对木材等级的理解有误。然而这次，我要用上我在这门课上学到的原则。

到达那个木材工厂时，我发现那位采购员和检验员已经作好了跟我吵架的准备。我来到货车旁，请求他们继续卸货，因为我要看看这批木材究竟出了什么问题。我让那位检验员像刚才一样挑出不合格的木材，再把质量好的放在另外一堆。

观察了一会儿，我便发现这位检验员的评定标准过于严格了，实际上他误解了评级标准。这一车木料是白松木，我知道这位检验员具备硬木方面的知识，可是他对白松木却不甚了解。白松木正好是我的强项，但是我对他的评级方式提出异议了吗？没有。我继续在一旁观看，时不时抛出几个问题，比如为什么这几根木材不达标。我完全没有责备他的意思，我向他强调，我问这些问题只是为了了解他们公司的具体需求，以便将来更好地供货。

我的语气积极、友好，对挑拣木材完全没有反对之意，终于，他们不再有敌对情绪，变得热络起来。我假装在不经意间给出了一句评价，让他们意识到他们的要求可能过于苛刻了，他们遵循的是更高价位木材的标准。我措辞十分谨慎，不让他察觉我是刻意提出这一点的。

渐渐地，他的态度全然不同了。他坦言自己对白松木并不熟悉，并且每挑出一根木材都会征询我的意见。我为他解释了为什么这根木材是符合等级标准的，并且再次强调如果不满意的话，我们愿意接受退货。最终他们意识到错在自己，是因为之前没有征订更高等级的木材。

在我离开之后，他们重新检验了整批木材并且悉数签收。之后，我们也收到了一张全额付清的支票。

在这件事中，我克制自己不去挑对方的错并运用了沟通的技巧，由此为公司挽回了巨大损失，而我挽回的友好和睦的局面是难以用金钱来衡量的。

有人问马丁·路德·金：身为一个反战主义者，你为何会仰慕前空军上将、军衔最高的黑人军官丹尼尔·詹姆斯呢？金回答：“评价一个人时，我看的是他的行事原则而非我自己的原则。”

同样，当罗伯特·李将军在南方联盟总统杰斐逊·戴维斯面前高度赞扬手下的一位军官时，在场的另一位军官惊讶地问他：“将军，难道您不知道这个军官是您最难应付的敌人吗？他会抓住所有机会诋毁您的啊。”李将军回答：“我知道，可是总统先生问的是我对他的看法，而不是他对我的看法。”

顺便说一下，在本章中我并没有提出什么新颖的思想，早在两千年前耶稣就说过：“要尽快与你的对手和解。”

而在基督诞生前 2 200 年，埃及国王阿克托伊就曾告诫过自己的儿子：“说话要圆通得体，才能达到目的。”这句话至今依然有道理。

换句话说，不要与你的顾客、你的爱人或者你的对手争执，不要直言他们的错误，不要引起争端，要学会巧妙地周旋。

• 原则 2：

尊重他人的意见，永远不要说“你错了”。

学会认错

从我家步行一分钟就能到达一片未经开发的树林。春天的时候，黑莓树上开满了白色的小花。松鼠在林间筑巢，哺育它们的下一代。这里杂草丛生，有的已经长到一匹马那么高了，人们称之为“森林公园”。的确，它是森林，它的样子就跟哥伦布刚发现美洲大陆时荒芜的景象差不多。我常常带着我的小斗牛犬雷克斯在林间散步。雷克斯是只温和、没有攻击性的猎犬，鉴于我们很少在林子里遇见其他人，我就没有给它戴口套，也没拴狗链。

一天散步时，我们遇上了一位骑马的警察，他极度渴望证明自己的威严。

“你这是什么意思？不给狗戴口套、拴狗链，让它在这里随处乱跑，难道你不知道这是违法的吗？”警察对我训斥道。

“我知道，”我用温和的语气回答，“但我认为在这种地方它是不会伤害到别人的。”

“你认为不会！你认为不会！法律才不听你是怎么认为的。如果狗咬死了松鼠、咬伤了孩子怎么办？这次我不追究你的责任，下次如果再让我看见这只狗没戴口套、没拴狗链，你就等着上法庭吧。”

我连声称是。

我第二次真的没有就范，第三次也没有。雷克斯不喜欢口套，我也不喜欢，所以我们决定铤而走险。一切本来好好的，我跟雷克斯翻越山顶，突然，那位法律的捍卫者骑着一匹栗色的马横挡在我们面前。

我知道事情不妙了，所以没等警察开口我就说：“警官，我承认被你逮个正着。我认罪，我没有任何借口。上星期你警告过我，说再遇见我跟没戴口套的小狗遛弯就要惩罚我。”

“好吧，”警察用一种柔和的声调说，“我理解的，让小狗在没有人的地方自由地跑一会儿，这件事太具有诱惑力了。”

“的确蛮吸引人的，”我回答，“可这是违法的。”

“哎，这么小的狗是不会伤害到别人的。”警察反驳道。

“的确不会，但它可能会咬死松鼠。”我说。

“好吧，也许你有点儿太较真了，”他对我说，“我告诉你怎么做。你只要让它跑到山的那边去，直到我看不见，然后我们就当什么也没发生。”

警察也渴望一种“被重视”的感觉。当我开始谴责自己的时候，他唯一能够维护其尊严的方式就是展现自己仁慈的一面。

但假如我当时极力为自己辩护，结果又会怎样呢？呵呵，你跟警察发生过争执吧，那是什么下场呢？

我没有与他针锋相对，相反，我积极诚恳地承认了错误。由于我们都设身处地为对方着想，事情终于画上了圆满的句号。一周之前这位警察对我还以法律相逼，而现在却宽容以待，恐怕连查斯特菲尔德勋爵[①]都比不上这位警察慈悲吧。

如果我们知道责骂将至，为何不抢先一步认错呢？自我批评要比忍受别人的责骂好得多，不是吗？

在对方开口之前，就帮他把他想说的贬损言语一下子道出，那么，99%的情况下他会变得宽宏大量，你的错误也会大而化小。对，那位骑马的警察就是这么做的。

商业艺术家费迪南·沃伦正是运用这一技巧赢得了一位脾气暴躁的买家的好感。沃伦先生说：

> 那些以广告和出版为目的的绘画最重要的就是表达清晰、明确。
>
> 有些艺术编辑总是催活儿，要求我马上就完成他们委托的任务。在这些时间比较急的任务中，一些细微的错误是难以避免

---

① 查斯特菲尔德勋爵，英国著名外交家、文学家，其著作《一生的教诲》被誉为“一部使人脱胎换骨的道德和礼仪全书”。——译者注

的。我认识一位艺术编辑，他非常吹毛求疵。每次进入他的办公室时，我的内心都很厌恶。之所以讨厌这个人并非因为他的批评，而是因为他攻击人的方式让我难以接受。最近，我上交了一幅匆忙完成的作品，不久便接到他的电话，说作品有问题，让我立刻去他的办公室一趟。我到了之后，他趾高气扬地数落我的错误，还厉声责问我为什么不注意——我就知道他会这样。这时，我用上了自我批评的方法，我说："先生，我的错误实在不可原谅，我已经为您工作了那么久，本该绘制出更合您意的作品，我为自己感到羞愧。"

他立刻为我辩解起来："你说得没错，可是，毕竟这个问题不严重，这只是……"

"不管错误大小，"我打断了他的话，"它都会给您造成损失，也会让客户不满意。"

他想插话，但我没有给他机会。这一刻对于我来说意义非凡，因为这是我人生当中第一次批评自己。我很享受这个过程。

"我应该更认真一些，"我继续说，"您为我提供了那么多生意，我应该以最好的作品回报您。所以，我要重新画一幅。"

"不！不用！"他抗议道，"我没想给你添麻烦。"他立刻称赞了我的作品，他说他只想要我稍微修改一下，因为我的错误并没有给他们公司造成任何损失，再说，这只是一个细节问题，不必太在意。

我的自我批评平息了他的怒气，后来他还约我一起吃午餐。在我们分别之前，他付清了稿酬，还和我签了另外一份合约。

拥有认错的勇气是一件令人自豪的事情。认错不仅能化解纷争、缓和敌对的氛围，许多情况下还能解决由错误引发的问题。

新墨西哥州的布鲁斯·哈维给一位请病假的员工误开了一张全额工资单。意识到自己的失误之后，哈维对那名员工说明了情况并告知他多发的那一部分金额将在下个月的工资中被扣除。那名员工恳请哈维分期扣除，因为一次性扣除会让他面临严重的经济问题。哈维本人很愿意这么做，可是他得征得主管的同意。哈维说：

> 我知道这么做会让主管大发脾气，可考虑再三，我觉得整件事是由自己引起的，我必须向老板认错。
>
> 我走进他的办公室，告诉他我做错事了，并将整件事全盘托出。他愤怒地说这是人事部门的错误，我坚持说这是我的错，他又责怪起会计部门的粗心大意。我依然坚持自己错了，他又开始责备办公室里的另外两个人。无论他怎么说，我都坚持认为自己有错。终于，他看着我说："好吧，这是你的错，你去将它改正过来吧。"就这样，我没有给任何一个人添麻烦便圆满地解决了这件事。我觉得自己伟大极了，因为我自如地应付了紧张的局面，也没有为自己的错误找借口。自那以后，老板对我更加尊重了。

只有傻瓜才会为自己的错误辩解。的确，很多傻瓜都是这么做的。一旦承认了错误，你就有别于他人，你会为自己的高尚感到欣喜。罗伯特·李将军最令人动容的事迹就是在葛底斯堡战役时将"皮克特冲锋"的失败归咎于自己。

"皮克特冲锋"无疑是西方战争史上最恢弘、最壮丽的一次突袭。乔治·皮克特将军是一位才智非凡的将领。他的褐色头发几乎长及肩，战场上的他就像意大利战场上的拿破仑那样，几乎每天都会写一封情书。在那个悲情的7月下午，皮克特跨上马背，将帽檐儿推至一旁，威风凛凛地向敌方阵地出发了。一排排、一列列的士兵在他身后挥动着旗帜、高喊着口号，刺刀上折射出耀眼的光芒。北方部队看见这番景象时，也不由发出一阵赞叹。

皮克特率领军队翻越了平原与峡谷，一步一步向敌军靠近。行进中的南方部队被无情的炮火攻击，却始终没有停止前进的步伐。

到达墓地山脊时，他们又遭到了埋伏多时的北方部队步兵火力的密集扫射。整个山顶军火交加、血流成河，放眼望去，就像一座火山岩浆喷发的场景一样。转眼间，皮克特的兵力所剩无几，只有一位旅长和 1/5 的士兵存活了下来。

刘易斯 · 阿米斯特德将军率领最后一支部队冲锋，他跃入北方部队的战壕内，用大刀挑起军帽，大声呼喊："弟兄们，上啊！"

士兵们响应号召冲上前去，刺刀插入了敌人的心脏，枪杆子砸碎了敌人的头骨，终于，他们把战旗插在了墓地山脊的土地上。旗帜只飘扬了短暂的一瞬，而那一瞬，就是南方邦联在战场上的巅峰时刻。

然而，英勇而惨烈的"皮克特冲锋"却只是失败的开始。李将军心里明白，他已经无力攻破北方部队的防线。

这样下去，南方部队注定要失败。

李将军十分沮丧，他向南方联盟的总统杰斐逊 · 戴维斯递上辞职信，希望总统能够委派一位年轻有为的将领来替代自己。李将军完全可以为"皮克特冲锋"的失败找来很多借口，比如某些师长的表现不尽如人意，后方的骑兵部队未能及时支援，比如说这里失误了、那里出岔子了等。

然而品格高尚的李将军根本不会这样做。当皮克特率领残兵败将回到阵营时，他亲自骑马迎接大家，口中还不断自责："这是我造成的结果，我应该负全部责任。"

历史上有勇气承认自己错误的将军并不多。

迈克尔 · 张是本课程在中国香港地区的讲师，他讲述了在中国文化背景下人们在交往过程中可能遇到的问题。他指出，有时把交往原则付诸实践要比遵从传统观念有益得多。学员中有一名中年男子，这名男子因吸食鸦片导致儿子疏远了他。戒掉鸦片之后，他希望与儿子重归于好，可是在中国的传统观念中，家长不会迈出认错的第一步。在课堂上，他倾诉了他多么希望见一见未曾谋面的孙子，多么希望与儿子冰释前嫌。可是这位父亲认为，和解应该由孩子先提出，而家长就应该被动等待。这位父亲在痛苦与等待之间苦苦挣扎，班上的中国学员纷纷表示理解。

后来，在那一期课程快要结束的时候，这位父亲又一次发言道：

> 我已经仔细考虑过了。戴尔·卡内基说过："如果你错了，就要立即向对方诚恳地认错。"我已经无法做到"立即"，但"诚恳"是我完全能够做到的。当初是我辜负了儿子，才导致他不愿见我、把我逐出他的生活。尽管向年轻人祈求宽恕是挺没面子的，可是错误在我，我必须认错。

班上响起了热烈的掌声，同学们纷纷表示支持。第二天，他带来好消息：儿子原谅了他，父子俩和好如初，他最终见到了自己的儿媳和孙子。

埃尔伯特·哈伯德是一位见解独到的作家，他犀利的文字曾引发了如潮的争议，也常常招致深深的怨恨。但是哈伯德拥有过人的社交能力，经常几句话就能化敌为友。

有一次，他收到了一些愤怒读者的来信，这些读者在信中大肆批判他的文章，还在结尾为他冠上了不雅的称号。他是这样回信的：

> 再三考虑之后，连我也不完全赞成自己的观点了。昨天写下的东西已经不再代表今天的我。很高兴能读到你的见解。下次你若来我家附近，请务必来我家，我要与你好好聊一聊这个问题。

在此，我向您致敬。

最真诚的

埃尔伯特·哈伯德

如果一个人这样待你，你还能对他说些什么呢？

当我们的观点正确时，就通过巧妙而温和的言语让对方信服。当我们的观点错误时，就让我们诚实地对待自己，立即向对方诚恳地认错。这一举动往往会带来意想不到的结果，而且认错要比无谓的争辩让人更加快乐。

记住这句古老的格言：靠争夺，你永远也得不到满足；能谦让，你才会拥有意料之外的收获。

• 原则 3：

如果你错了，立即向对方诚恳地认错。

用友好的方式进行交流

如果你怒火中烧，忍不住去教训别人，那么你的情绪便可得到宣泄，这会给你带来快感。可对方呢？他能分享你的快感吗？你挑衅的语气和敌视的态度会使他轻易赞同你的观点吗？

美国前总统伍德罗·威尔逊曾经说过，“如果你握着双拳向我走来，我保证我也会像你一样握紧双拳；如果你对我说：‘我们坐下来谈谈吧，假如我们的意见有分歧，那就弄清楚分歧在哪里，为什么会产生分歧。’如果是这样，我就会觉得我们之间的隔阂没那么深，我们之间的默契是大于分歧的。只要我们有达成一致的决心、率直和耐心，我们就能达成一致”。

没有谁能比约翰·洛克菲勒更赞成这一观点了。1951 年，洛克菲勒成了科罗拉多州人眼中的恶棍。他统管的科罗拉多燃料钢铁公司因薪资过低，激起了工人的愤怒，一场规模浩大的罢工就此展开。工人们砸毁了公司设备，政府不得不派军队前来制止，整个科罗拉多州成了血雨腥风的战场，无数工人命丧枪口。

空气中弥漫着仇恨的情绪，而就是在这样的情形下，洛克菲勒竟然想使那些罢工工人信服自己，而且最终他也做到了。他是怎样做到的呢？下面我们就来说说这个故事。经过几周的努力，洛克菲勒终于和那些工人代表成了朋友，还给他们作了一次演讲，就是这次演讲产生了出人意料的效果——它不仅消除了那股几乎要将洛克菲勒吞没的仇恨，而且为他赢来了众人的钦佩。洛克菲勒以友好的方式说服工人返回工作岗位，让工人们放弃了他们曾经奋力争取的加薪要求。

我们选取了那次演讲的开篇部分。请你仔细留意洛克菲勒是如何遣词造句，并将友爱传达给那些几天前还想置他于死地的工人的。他的态度十分宽容友善，那些传教士也不过如此吧。他运用了许多显得亲和的词汇，比如“我很荣幸能站在这里”、“我拜访了你们的家庭，见过了你们的妻子、孩子，所以现在我们不再是陌生人了，我们是朋友”、“互助互爱的氛围”，“我们之间共同的利益”、“是你们的宽容与恩惠促使我来到了这里”。

下面是洛克菲勒的演讲：

今天对于我来说十分重要。这是我第一次有机会与这家伟大公司的这么多工人代表、职员以及管理人员聚在一起。我很荣幸能站在这里，我会将这一场景铭记一生。若是在两个星期前，在座各位对我来说还都是些陌生的面孔。但在上个星期，我有幸参观了公司在南方油田的营地，与当时还在工作岗位上的工人代表们一一交谈。我还拜访了你们的家庭，见过了你们的妻子、孩子，所以现在我们不再是陌生人了，我们是朋友。我们可以在互助互爱的氛围下谈谈我们之间共同的利益。

这是公司职员和工人代表之间的聚会，我不属于你们任何一方，是你们的宽容与恩惠促使我来到了这里。我感觉自己与你们紧密相连，因为从某种意义上说，此刻的我既代表着股东，也代表着理事会成员。

这个例子完美地诠释了化敌为友的艺术，不是吗？

假如洛克菲勒采取了其他办法，假如他与这些矿工发生争执并向他们放狠话，假如他摆出领导的架势谴责他们不该这么做，假如他列出一大堆事实论证他们真的犯了错误，结果又会怎样？没错，这些做法只会激起更大的怒气、更深的仇恨、更强烈的反抗情绪。

如果一个人对你心怀成见，就算你引经据典阐述观点也无法令他信服。无论你是爱呵斥孩子的父母、盛气凌人的老板还是喋喋不休的妻子，你都应该意识到人们的思想不易改变。你无法强迫对方改变主意，但你的温柔和友好的态度却能让他不由自主地同意你的观点。

实际上，林肯早在一百多年前就曾提到过这一点，他是这样说的：

“一滴蜂蜜能比一加仑胆汁吸引来更多苍蝇。”这句古老的格言同样适用于人类。如果你想赢得对方的认可，首先就要让他相信你是他最真诚的朋友，这就好比一滴俘获他心灵的蜂蜜。你将凭借这滴蜂蜜直达他的内心。

商界的许多行政主管都明白，友善对待罢工者会给自己带来回报。有一次，怀特汽车公司的 2 500 名工人组织罢工，他们要求公司加薪并且设立工会。时任公司总裁的罗伯特 · 布莱克并没有为此大发脾气，更没有谴责、威胁或抛出大道理来震慑罢工者；相反，他还表扬了他们。他在克里兰夫的几家报纸上发布了一则广告，赞扬那些罢工者“放下了武器，以和平的方式争取利益”。他看见罢工纠察队员无事可做，于是就为他们买来棒球拍和手套，邀请他们在空地上打棒球，还为那些喜欢打保龄球的纠察队员租下了一个保龄球场。

布莱克先生的友好举动也换来了友好的回应。罢工者借来扫帚、铁铲和垃圾车，将工厂里的火柴、纸屑和烟头打扫得干干净净。你能想象吗？罢工工人在争取高薪和工会认可权利期间竟然还会清理工厂地面，保持卫生，这在美国漫长的工人斗争史中是史无前例的。这场罢工没有引发任何成见和怨恨，一周之内双方便协商解决了这个问题。

丹尼尔 · 韦伯斯特是一位杰出的辩护律师，他看起来像上帝，说起话来像耶和华，总会用友好和善的口吻抛出最强有力的论点，比如“这个问题我们交给陪审团来决定”，“这个问题值得深入探讨”，“我相信你会对以下事实感兴趣的”，“你了解人类的本性，所以你一定明白这件事情意味着什么”。没有恫吓、没有高压手段、没有将自己的观点强加给对方，韦伯斯特只是温和、平静、友好地道出了自己的观点，便能获得大家的认可，他也因此声名远扬。

也许永远都没有人让你去平息一场罢工，你也没有机会对着评审团发表一段演说，但你也许想请房东降低房租呢。这种友好的交涉方式能派上用场吗？看看就知道了。

学员斯特劳布是一位工程师，他为我们讲述了他说服一位吝啬的房东降低房租的经历：

我给他写了一封信，通知他房屋到期后我就不再续租了。事实上，如果他能降低房租，我是希望续约的，但这似乎不太可能，因为其他房客尝试过讲价，但都以失败告终。大家都说这位房东是个不讲情面的人，可我对自己说："既然我正在学习交际的课程，不如把学到的知识运用到他身上，看看效果如何。"

一收到我的信，他就带着秘书来了。我在门口友好地跟他们打招呼，热情地招待了他们。一开始我并没有提到房租太高的问题，只是说他的公寓多么好，我多么喜欢。相信我，我当时真正做到了"衷心地称赞，毫不吝惜赞美之词"。我夸他懂得经营公寓，还告诉他如果我手头宽裕，我会希望在这里再住一年。

他显然没有被房客这么赞美过，这番话让他有些措手不及。

于是他向我倾诉起他的苦衷，抱怨起房客来。曾经有位房客寄来14封信辱骂他，另一位房客要求他制止楼上的人打呼噜，还以违约相威胁。"能有你这样的房客，真是叫人舒心。"他感慨道。然后，未等我开口，他竟主动提出为我稍微降低一点租金。而我希望房租更低些，就把自己可以接受的价格说了出来，没想到他二话不说，立刻就答应了。

离开的时候，他还转身问我："需要我给房间装饰点什么吗？"

假如当时我采取了其他房客曾经用过的办法强迫他降低租金，那势必会跟他们一样以失败告终。正是这种友好的、饱含体谅与赞美的交涉方式让我取得了成功。

伍德科克是宾夕法尼亚州一家电力公司的部门主管。他的员工接到了一项任务，修理一根电线杆顶部的某种设备。这个任务以前是由其他部门负责完成的，最近才转到伍德科克的部门。虽然他的员工曾经接受过这方面培训，但实践操作还是第一次。整个公司都关注着他们是否能够完成这项任务。于是，伍德科克先生带着几位下属经理以及部门的所有员工来到了施工现场，他们将卡车、汽车停在一旁，抬头注视着电线杆上两名员工的操作。

伍德科克用眼睛的余光注意到，远处街道上的一名男子拿着照相机下了车，开始拍摄施工场景。公共设施部门十分注重公关效应，伍德科克马上意识到那名男子眼前呈现的是怎样一番景象——大批人马出动，却只为完成一项两个人的任务。伍德科克穿过街道走向那名男子。

“你对我们的施工挺感兴趣的嘛。”

“是的，但这对我母亲而言就不仅仅是感兴趣那么简单了。她持有你们公司的股份。这一场景一定会让她大开眼界。她会发现自己的投资多么不明智。我早就对她说过，投资你们这样的公司是一种浪费，今天我终于找到证据了。我想报社也会对这样的照片感兴趣的。”

“看上去是这样的，对吧？如果我是你，我也会这么认为。但是这次情况有些特殊……”伍德科克向他解释这是他们第一次执行任务，所以从部门经理到员工对此都十分感兴趣。他使这名男子确信通常情况下派出两个人就足够了。男子终于放下了照相机，并与伍德科克握了握手，感谢他费时为自己解释当时的情形。

伍德科克的友好态度帮助他们公司摆脱了尴尬境地和负面宣传。

另一位学员杰拉尔德·韦恩来自新罕布什尔州利特尔顿，他为我们讲述了他用友好的方式解决一场索赔纠纷的故事：

> 初春时节，在地面的冰雪融化之前，一场暴风雨席卷而来。雨水无法像往常一样从附近的水渠和下水道排出，全都流到了我家的建筑用地上，而我刚刚在那儿建了一座新房子。
>
> 由于雨水无法排走，房屋根基部位的水压不断升高，结果雨水全都渗进混凝土筑成的地下室里，整个地下室都被水泡了。我家的火炉和热水器也浸坏了。修复这次大雨造成的损失总共花掉了2 000多美元，而我又没有购买此类保险。

然而，我很快就发现房屋开发商并没有在我家附近安装下水道，否则渗水问题根本不会出现。于是我约见了开发商。在前往他办公室的路上，我仔细思考了整个事件，还想起了在这门课上学到的知识。我知道发脾气是没有用的，所以到达他的办公室时，我表现得异常平静。我问起他前些日子在西印度群岛的旅行如何，然后才找了个合适的时机跟他提起渗水这个“小”问题。他立刻允诺替我解决这件事。

几天之后，他打来电话说他愿意赔偿我的损失，还会在我家附近安装下水道，以免类似事情再次发生。

尽管这确实是房屋开发商的失误，但如果我没有以有良好的方式与他展开谈话，想让他承担全部责任还是存在很大困难的。

多年以前，当时我还是个赤着脚上学的孩子，每天都要穿越丛林到远在密苏里州西北部的一所乡村学校去上学。那时我读到了一则关于太阳与风的寓言。

太阳与风在争论谁更强大，风说：“看见那个穿着大衣的老人了吗？我敢打赌，我可以比你更快脱掉他的大衣。”

于是太阳躲到了云朵后面。风使劲地吹，都快吹成龙卷风了，可是它越用力吹，老人就将大衣裹得越紧。

最终风败下阵来，只得认输。这时，太阳从云端升起，为老人送上友好的微笑。老人抹了抹额前的汗水，脱下了大衣。太阳对风说，温柔与友爱总是比狂躁与武力更强大。

得知了一滴蜂蜜的奥秘之后，人们日复一日地实践着温柔与友爱。来自马里兰州的加尔·康纳购入新车4个月了，当他第三次来到汽车售后服务部时，再次验证了这个道理。他告诉同学们：

责难、理论和争吵显然都无法促使那位售后服务部经理妥善解决我的问题。

我走进汽车展览厅，要求与经理怀特先生见面。等了片刻，我就被带进了怀特先生的办公室。我向他作了一番自我介绍，说经过朋友的推荐，得知他这里价格实惠，服务也周到，所以我也在这里购买了一辆车。他微笑地倾听着。接着，我说明了遇到的售后问题，还补充道："我相信您一定不会忽视任何可能玷污您良好名誉的隐患。"他感谢我的提醒，并保证一定会妥善处理我的问题。汽车维修期间，他不但亲力亲为地为我解决问题，还主动将自己的车子借给了我。

伊索不过是耶稣诞生600年前的克利萨斯王朝的一个奴隶，但他在寓言故事中道出的人性真谛无论在今天的波士顿、伯明翰还是在2 600年前的雅典，都是无可辩驳的真理。太阳可以比风更快让你脱下大衣；较之世界上一切恫吓与狂吼，友好的、饱含赞美的交涉方式更能让人改变主意。

记住林肯说的这句话：一滴蜂蜜能比一加仑胆汁吸引来更多苍蝇。

• 原则4：

交谈，以友好的方式开始。

让对方说"是"

与人交谈时，切勿急于表明你的不同见解。请你不断强调你赞同他的哪些观点。可能的话，你要强调你们的初衷和目的是一致的，你们的分歧仅仅在于方式的不同。

要让对方从一开始就认可你，尽量避免让对方说“不”。奥弗斯特利特教授曾经说过,“不”字是最难逾越的障碍。当你说出了“不”，你的尊严就会迫使你言行一致。也许在不久之后，你就会为那个草率的“不”字后悔，然而尊严是何等珍贵，一旦摆明了立场，你就觉得自己得硬撑下去。所以在与人交谈之初，表达赞同是十分必要的。

健谈者总能在交谈之初让对方点头称“是”，这便让谈话对象的心理活动在交谈的过程中始终朝着积极的方向发展。这就好比打台球，当球的走势已成定局，你就难以改变它的角度，而要让球反弹回来则是难上加难。

这种心理过程也十分清晰。当一个人坚定地说“不”时，他不仅在发出一个音节，更是将汗腺、神经、肌肉系统全部调动起来，竭力反对你的观点。通常在不久之后，他会有一种撤回“不”字的倾向，你甚至可以察觉出他的后悔。这时，他的整个神经肌肉系统都在抵抗，拼尽全力反对你的观点。然而当一个人说了“是”，后悔的情况就不会出现了。这时，整个机体会呈现出一种积极的状态——活跃、易接受新思想、不闭塞。因此，在谈话之初得到的“是”字越多，你的观点被接受的可能性就越大。

这一交涉技巧虽然简单，却一再被人们忽视。人们似乎很喜欢在一开始就与他人作对，从而获得一种“被重视”的感觉。

假如你的学生、顾客、孩子或爱人说了“不”，你就应该运用智慧和耐心将他们的消极态度转变为积极的态度。

纽约市格林尼治储蓄银行的詹姆斯 · 艾博森正是利用这一技巧挽留了一位险些流失的客户。艾博森先生说：

有位男士来开户，我让他填写一张表，他如实地回答了一部分问题，而有些问题他却拒绝回答。

若是在学习这门课程之前，我就会告诉这位潜在客户若不回答好这些问题我们就无法帮他开户了，从前我也是这样做的。现在想来，我真为自己从前的说话方式感到羞愧。这样一份通牒会给我带来优越感，因为它证明了我才是这里的主人，银行的规章制度是不容亵渎的。但是这种态度显然没有让这位光顾我们银行的男士感受到足够的欢迎和重视。

这天早晨，我决心运用一点常识，不再说银行想要什么，而要说客户想要什么。并且，我要让这位客户从一开始就连连称“是”。因此我告诉他刚刚他拒绝填写的信息其实不是必须要写的。

“可是，”我说，“假如您不幸发生了意外，而您的钱仍旧存在本行，您希望我们根据法律条款将这笔款转到您的至亲名下吗？”

“是的，当然希望。”他回答道。

“那么，”我继续说，“如果把您亲属的名字告诉我们，这样万一发生什么不测，我们也好准确及时地实现您的愿望，这样是不是更好呢？”

他又说：“是的。”

当他意识到银行索要这些信息并非出于私利，而是为了更好地为他服务，他的态度立刻有了转变。在离开之前，这位男士不仅完善了自己的信息，还在我的建议下开了一个信托账户，他将母亲作为第一受益人并填写了所有相关问题。

我发现，如果我让他从一开始就说“是”，他就会忘记争议，并且乐意听从我的建议。

约瑟夫·埃里森是西屋电气公司的销售人员。他也讲述了他的经历：

在我的销售区域内有一位我们十分想要争取的客户。我的前辈与他洽谈了10年，始终没有成功。我接任后又与他联系了3年，依然没有拿到一笔订单。终于，在13年孜孜不倦的推销之后，我成功地卖给他几台电动机。如果这些机器不出差错，再向他卖出几百台也不成问题。

可是有可能出差错吗？我认为不会。所以3个星期后，当我再次打通他的电话时，心里非常激动。然而迎接我的却是这句话："埃里森，我不打算从你们公司购买电动机了。"

"为什么？"我惊讶地问他，"为什么？"

"因为你们的机器运行时太热了，我根本无法把手放在上面。"

我知道争吵是没有用的。这次，我要争取"是"的回应。

"史密斯先生，我百分之百赞同你的看法。如果机器运行时太热，你确实不该购买它。你那里有符合国家电器制造商协会标准的电器吗？"

他说有，于是我得到了第一个"是"。

"根据国家电器制造商协会的规定，设计良好的电动机运行时机器温度可以高出室温22摄氏度，对吗？"

"是的，"他表示赞同，"完全正确，可是你们的机器比这热多了。"

我没有与他争辩，只是问他："那么厂房的室温是多少？"

"噢，大概24摄氏度吧。"

"这么说，室温的24摄氏度，加上22摄氏度，等于46摄氏度。当你把手放在46摄氏度的水管上时就会感到灼热，不是吗？"

他再次说"是的"。

“那么，”我建议说，“如果您不把手放在机器上面是不是更好呢？”

“我觉得你是正确的。”他坦言道。我们稍事商谈之后，他便找来秘书与我签订了价值 3.5 万美元的合约。

许多年来，我曾经因争执而蒙受了数万美元的损失。然而现在，我终于知道争吵是徒劳的。站在对方的角度思考问题、让对方连连称“是”能比争吵收获更大的乐趣与利益。

埃迪 · 斯诺是我们各项课程在加利福尼亚州奥克兰市的赞助人，他给我们讲了一个故事——一位店主曾经使他连连称“是”，所以他后来变成那家店的常客。埃迪热衷于弓箭狩猎，他花了不少钱从一家店里购买装备。有一次，他的哥哥前来拜访，他想为哥哥再租一套弓箭。可是店员告诉埃迪他们不出租弓箭，埃迪只好打电话给另一家商店询问。埃迪叙述道：

接电话的是一个谈吐令人愉快的先生，他给出了完全不同于前面那家商店的答复。他遗憾地说，由于资金问题，他们现在不出租弓箭了。然后他问我是否以前租过，我说：“是的，很久以前租过。”他提醒我，以前的租金大概在 25 美元~30 美元之间。我又回答：“是的。”然后，他问我是否想省钱。我自然说：“是的。”他解释道，他们店里现在有售价 34.95 美元一套的弓箭，我只需支付高出出租价 4.95 美元的价格就能购买一套全新的弓箭了。他说的有道理吗？当然有。“是”的回应促使我买下了这套弓箭，而且我去他们店里提货时还购买了其他商品，从那以后，我就成了他们的常客。

有“雅典牛虻”之称的苏格拉底是世界上最伟大的哲学家。他做到了世上鲜有人做到的事——他改变了人们的思维。在他去世 2 400 年后，他仍被称为辩论界最具影响力、最睿智的劝导者。

那么他是采用什么方式劝导他人的呢？他会直言他人的错误吗？不，聪明的苏格拉底可不会这么做。他唯一的技巧，也就是现代人传颂的“苏格拉底式教学法”，就是基于这种让别人答“是”的方法：他会先提出一些让对方不得不赞同的问题，接下来他会在得到一连串“是”之后获得对方的肯定。他会不停地提问，直到对方在不知不觉中得出自己几分钟前还在竭力否认的结论。

下一次，当我们想要指出他人错误的时候，请想一想苏格拉底，再提出一个温和的问题，提出一个能让对方连连称“是”的问题。

中国有句古话蕴含着古老的东方智慧：轻履者行远。

中国人对人性的探索已有 5 000 年历史，“轻履者行远”是他们充满智慧的领悟。

• 原则 5：

让对方说“是”。

耐心并且虚心地听完对方的话

想让他人信服自己的观点，就一定要喋喋不休地谈论自己的观点吗？还是让对方将自己的想法和盘托出为好呢？如果对方比你更加了解自己的事情和问题所在，那么请多向对方提问，让对方给你讲些事情岂不更好？

如果你不同意别人的观点，就很有可能想打断他们。但是请不要这么做，因为这很危险——当他们满脑子的想法不能一吐为快时，根本就不会在意你说了什么。所以，请你耐心且虚心地听完别人的话，要诚恳，还要鼓励他们将想法和盘托出。

这一原则在商界同样适用吗？我们一起来看看。一家著名汽车公司计划采购下一年度的汽车椅套，有三家工厂为他们送来了椅套样品。经检查，三家工厂的样品全部合格。汽车公司发出通知，邀请各厂家派代表来作最后的展示。

一位厂商代表到达汽车公司的那一天，喉咙发炎了。在我的一次课上，他为大家讲了这个故事：

> 轮到我作展示时，我的嗓子几乎失声了，连小声说话都很难做到。我就这样跟着接待人员进了会议室，站在那些纺织工程师、采购专员、销售主任和公司董事长的面前。站定之后，我努力开口说话，却无法出声。
>
> 他们围坐在一张桌子旁，于是我便在一张纸上写道："很抱歉，各位先生，我失声了，说不出话来。"
>
> "我来替你说。"公司的董事长安慰我说，他真的这么做了。他拿起我的样品，一一指出它们的优点。接着，在场的人就样品的优点展开了讨论。整个过程中，董事长完全在扮演我的角色。而我只是在那里点头、微笑。
>
> 这场特殊的讨论会结束后，他们竟然与我签下了这笔价值160万美元的合约——这是我迄今为止拿到的最大订单。
>
> 如果当时我没有失声，很可能会失去这笔订单，因为此前我对整个展示环节都存在误解（总想自己掌控整个场面）。然而这次偶然的经历让我明白，让他人成为交谈的主角也许会收到意想不到的效果。

在家庭生活中，倾听他人的方法同样奏效。芭芭拉·威尔逊的女儿劳拉小时候是一个乖巧、文静的孩子，成了大孩子后却变得十分叛逆。无论威尔逊太太如何教导她、威胁她、惩罚她，劳拉始终不予理会。威尔逊太太对我们说：

> 直到有一天，我终于放弃了责备。那天劳拉没做完家务就跟朋友聚会去了。通常情况下，当她回家后我会对她大吼大叫，可是那一天我连责备她的力气都没有了，只是难过地望着她，问道："为什么要这样？劳拉，为什么？"
>
> 劳拉发现我的情绪不对，她平静地反问我："你真的想知道吗？"我点了点头。劳拉迟疑了一会儿，便将心事全部说了出来。以前我总要求她做这做那，从未听过她的想法。每当她试图表达自己的想法时，我总是以强势的命令打断她。现在我终于发现，她需要的不是一位专横的母亲，而是一位倾听她成长中的困惑的知己。
>
> 从那以后，我开始积极地倾听她的心声，她有任何想法都会告诉我，我们的关系改善了许多。现在，她已经不再叛逆了。

纽约一家公司在当地报刊的金融版面刊登了一则广告，希望聘请一位能力出众、经验丰富的人才。查尔斯·库贝利对这个职位十分感兴趣，于是投了简历。几天之后，他收到了面试邀请函，你猜他是如何为面试作准备的？他来到华尔街，花了数小时打听这家公司总裁的创业事迹。面试时，他对总裁说："能有机会来到这家公司是我莫大的荣幸。我听说28年前您白手起家，公司创办时只有一间办公室和一名速记员，这是真的吗？"

几乎所有成功人士都喜欢回忆年轻时的奋斗史，这位总裁也不例外。他向库贝利讲述了自己当年凭借450美元和脑袋里的一个主意创业的故事。那时候他顶着压力、忍着讥笑，每天工作12~16个小时，周末与节假日也不能休息。他的事业蒸蒸日上，如今，就连华尔街最著名的总裁都要向他寻求信息和指导。他神采飞扬地诉说着，语气之中不乏骄傲之意，他确实有理由感到骄傲。最后，他简单询问了库贝利的工作经历，便叫来公司的副总裁。他说："我认为这就是我们要找的人。"

库贝利向他人表达关心，让他人成为交谈的主角，也给他人留下了非常好的印象。

来自加利福尼亚州的罗伊·布兰德利遇到的情况恰好相反。他当面试主考官的时候，仅凭倾听便为公司纳得了贤才。罗伊说：

> 我们是一家小公司，没有医疗保障和退休金之类的福利。这里的每一个销售人员都是独立的经纪人，我们甚至无法像大公司那样为他们提供广告宣传以及前景规划。
>
> 理查德·普莱尔身上拥有我们欣赏的特质。我的助手负责他的第一轮面试，面试时已经对他说明了公司的不利因素，所以他进我办公室的时候显得有些沮丧。我告诉他，加入我们公司有一个好处，那就是做一个独立的合伙人，也就是说自己做自己的上司。
>
> 他在谈论这些优势的同时，还吐露了走进来接受我的面试之前他对公司各项不利因素的担忧。有好几次，他都像在一边自言自语一边整理自己的思路。有那么几次，我很想开口修正他的说法，可我还是克制住了。然而，当这次面试快结束时，我感觉他说服了自己，他完全自愿地接受了这份工作。
>
> 正是因为我保持倾听的姿态，他才能在尽情诉说的同时仔细权衡利弊，最终得出"迎接挑战"的积极结论。现在，他已经成

为我们公司杰出的销售人员。

即使在与朋友交谈时，我们也希望自己成为交谈的主角，而非一味倾听对方的自夸。法国哲学家拉罗什福科曾经说过："想要树敌，就胜过你的朋友；若要交友，则让朋友胜过你。"

为什么呢？因为当朋友超越我们时，他们会有"被重视"的感觉；当我们超越朋友时，他们——至少其中一部分人——会感到自卑，从而心生嫉妒。

汉丽埃塔是纽约一家人力资源公司最受欢迎的职业顾问，然而以前的她并不招人喜欢。进入公司的前几个月，她没有交到一个朋友。为什么呢？因为她总把自己的业绩挂在嘴边，比如完成了多少案子、开设了多少账户等。汉丽埃塔对我们说：

> 我的工作做得十分出色，我也为此感到骄傲。但是我的同事并不为我高兴，他们似乎很讨厌我。我不知如何才能赢得他们的好感。学习了这门课程后，我学会了少说话、多倾听。于是我发现，他们同样喜欢夸耀自己的业绩，他们在讲述自己的事情时会比倾听我的陈述更加兴高采烈。现在，每次我们在一起闲聊时，我都会主动分享他们的喜悦，而不是谈论我的成绩，除非他们主动问及。

• 原则 6：

耐心并且虚心地听完对方的话。

让对方觉得自己最聪明

与别人为你提供的信息相比，你是不是更相信自己辛辛苦苦得来的信息呢？如果答案是肯定的，那你是不是不应该随便将自己的观点强加于他人呢？提出建议并且引导对方得出结论会不会更明智呢？

学员阿道夫 · 塞尔兹是费城一家车行的销售经理。他手下的销售人员近来士气低沉、行为散漫，他觉得自己有必要为他们注入一些活力。于是他召开会议，询问大家有何期望。大家一边说，他一边将要点记录在黑板上。他说："你们提出的要求我会尽力做到的。现在请你们告诉我，我应该对你们有何期望？"大家很快给出了答复：效忠、诚实、积极主动、乐观、团队精神、每天 8 小时充满热情地工作。会议结束时，大家都干劲十足，精神面貌也有了极大改善，有名员工甚至自愿每天工作 14 个小时。塞尔兹先生说，自那以后，汽车销售额飞速上涨。

"员工们与我达成了一种道德交易，"塞尔兹先生解释道，"只要我不辜负他们的期望，他们便不会辜负我。我鼓励他们说出了期待与渴望，而这种方法正中他们的下怀。"

我们不愿被人强行兜售东西，不愿被人逼迫做某事。我们希望购买自己喜欢的东西，做自己喜欢的事。我们喜欢被人问及我们的想法和愿望。

再来看看尤金 · 维森的例子，他在懂得这个道理之前损失了数万美元的佣金。维森先生从事图案设计工作，将图纸卖给服装设计师和生产商。3 年来，维森先生频繁地拜访一位顶尖的服装设计师。"他从来没有把我拒之门外，但是他也从来没有买过我一张图纸。他总是在仔细审度了图纸之后对我说：‘维森，我觉得我们的想法不吻合。’”

在经历了150次失败之后，维森发现自己陷入了思维定势。所以，他决定每周抽出一晚上的时间参加我们的课程，来学习如何影响他人行为，看看课程内容能否激发他新的灵感和热情。

这一次，维森决定采用新方法。他夹着一沓未画完的图纸来到那位设计师的办公室。“我想请您帮个忙，”他说，“这些图纸都是半成品，我想请您告诉我您理想中的图稿是什么样子？”

设计师拿过图纸端详了许久，终于开口道：“维森，先把它们放在我这儿吧，过几天我们再谈。”

3天后维森再来的时候，设计师把自己的想法告诉了他。于是维森收回图纸，按设计师的要求进行绘制。结果怎样呢？所有图纸全部通过了。

后来这位设计师成了维森的老主顾，他继续从维森那里订稿，而维森也继续按照他的要求设计。“我知道为什么以前会失败了，”维森说，“以前，我总是向他推销我认为他需要的东西。现在我改变方式，让他说出自己的想法，这会给他一种自行创作的感觉。结果我无须推销，他自己就会买下这些图纸。”

让他人认为主意是自己的，这种好方法不仅适用于商业和政治领域，还适用于家庭。来自俄克拉何马州的保罗·戴维斯讲述了他的故事：

> 这个假期，我们一家享受了最为惬意的一次旅行。在前期准备过程中，我们的意见产生了分歧。我一直想去参观位于葛底斯堡的战争遗址、位于费城的独立厅以及首都华盛顿。另外，瓦利福奇村、詹姆斯镇、威廉斯堡的殖民地遗迹等地也都是我渴望一游的地方。

在这之前，我的妻子南希曾提到过她关于暑假的一些计划，其中就包括去西部的一些州旅游，比如新墨西哥州、亚利桑那州、加利福尼亚州和内华达州等地。她已经对这次旅行期待了好几年，但问题是，我们不能同时满足两个人的愿望。

我们的女儿安妮正在读初中，她刚刚学完美国历史课，因此，她对那些见证了国家历史的遗址十分感兴趣。我问她这个假期是否想去这些课本中学过的地点考察一番，她表示非常赞同。

两天后的晚饭时间，南希向全家人宣布，如果大家没有意见的话，这次假期就去东部各州参观历史遗迹。这不仅对安妮的学习有帮助，对我俩而言也不失为一次美好的旅行。全家一致赞成这个提议。

一个X光设备生产商在争取布鲁克林一家大医院的订单时采用了同样的心理战术。这家医院正在扩建，计划设立美国最先进的X光诊疗室。X光诊疗室的主管L医生每天都会接到无数个销售人员打来的电话，他们在电话那头都会高度赞扬自己公司的设备，希望能与医院建立合作关系。

其中一位销售人员的沟通技巧显然十分娴熟，他比其他竞争对手更了解人类的本性。他给L先生写了这样一封信：

本公司最近生产了一批X光设备。第一批货也已送达分销处。它的设计并不完美，因此，我们恳请您抽空前来指导，以便我们生产出更加符合您需要的设备。我们知道您很忙，所以在您方便的时候，我们会派车去接您。

L医生有何感触呢？下面是他在课堂上的叙述：

读完信后我十分震惊，确切地说，那是一种震惊与喜悦夹杂的感觉，因为在那之前从来没有一家X光设备生产商征询过我的意见。我感觉自己受到了重视。那个星期我每天晚上都事务缠身，可是为了去他们那里查看设备，我推掉了一个饭局。我查看得越是仔细，就越是喜欢他们的设备。

当时根本没人向我推销，我觉得购买他们的设备完全是我自己的主意。他们的设备质量过硬，这吸引了我，于是我下了订单。

爱默生在《自信》一文中写道："在每一部伟大著作中，我们都能发现自己曾经摒弃的想法。这些想法最终总会带着不可亵渎的尊严重回到我们的生活中。"

伍德罗·威尔逊任总统期间，爱德华·豪斯上校无论是在整个美国还是在国际社会都颇具影响力。威尔逊遇到难题时往往不向内阁寻求帮助，而是与豪斯上校密谈，听取上校的建议。

那么，豪斯上校为何能令总统信服呢？很幸运，我们找到了答案：因为豪斯上校曾经将他的秘诀告诉了阿瑟·豪顿·史密斯，而史密斯又在《星期六晚邮报》上引用了豪斯上校的原话。豪斯说：

当我对总统有了深入了解之后，我发现最能叫他接受某个主意的方法就是随口提起这个主意，引起他的兴趣，然后让他自己思索。这个方法第一次起作用纯属偶然。当时我正造访白宫，想要说服他同意一项政策——此前他好像一直非常排斥这项政策。但在几天后的餐桌上，我很惊讶地听见他把我那条建议当作自己的想法提了出来。

那么豪斯当时是否会打断总统并说"这不是您的主意，是我的"呢？不，聪明的豪斯可不会这么说。他关心的并不是自己的声誉，而是事情的结果。所以，他不仅让威尔逊以为这是他自己的主意，还让他凭借这些主意获得了美誉。

我们遇见的每一个人都与伍德罗·威尔逊一样，存在着人性的弱点。所以，请把豪斯上校的技巧记在心里。

一位加拿大商人通过这一技巧赢得了我的光顾。当时我正计划去加拿大美丽的新不伦瑞克省度假钓鱼。于是我写了一封信给当地旅游局咨询相关信息。很显然他们将我的姓名和地址透露给了商家，我很快就收到了无数本印着推荐营地和导游广告的信件和宣传册。正当我很困惑不知道该作何选择时，我注意到其中一个营地的主人采取了一个很聪明的做法：他在信中附上了曾在他们营地居住过的纽约游客的姓名和电话号码，让我自己打电话咨询顾客的满意度。

我惊讶地发现名单上正好有一个我认识的人，于是便打电话给他询问他的看法。之后我就打电话给那家营地，定下了自己的行程。

其他商家都在努力让我购买他们的服务，而只有这一家让我主动地“出卖”了自己。2 500 年前，中国圣贤老子说过一段话，对于今天的我们来说依然受用：

> 江海之所以能为百谷王者，以其善下之，故能为百谷王。是以圣人欲上民，必以言下之；欲先民，必以身后之。是以圣人处上而民不重，处前而民不害。

• 原则 7：

让对方觉得自己最聪明。

学会换位思考

请你记住：一个人即使真的错了也不会认为自己有错。所以不要像个傻子一样去谴责他，而要像位睿智、宽容、杰出的人物一样，试着去理解他。

任何人的一切想法和行为都是有据可循的。只要寻找出其根源，你便能理解他的行为，甚至还能看清他的人格。所以，请多多站在对方的立场思考问题。

如果你问自己："如果我站在他的立场上会怎么想，又会做出何种反应呢？"答案很简单——你替自己节约了时间，也遏制了不必要的怒火，因为"一旦对个中缘由产生了兴趣，我们就不会再纠缠于结果了"。这样，你与人相处起来也会更加游刃有余。

肯尼斯·古德在其著作《点人成金》(*How to Turn People Into Gold*)中写道：

> 请别着急，先把你对个人事务的热忱关心与对周围事物的淡然漠视做一个对比，你就会发现世界上所有人都是一样的。然后你就会像林肯与罗斯福一样掌握处理人际关系的基本准则，即成功处理人际关系的关键在于要与他人的观点形成共鸣。

纽约州的山姆·道格拉斯过去总是抱怨妻子打理草坪花费的时间太多了：她总在除杂草、施肥，每隔一周还要修剪一次草坪。尽管这样，草坪也不见得比 4 年前刚搬来时平整美观。妻子自然对这样的评价不高兴，每当丈夫这么抱怨时，一个原本美好的夜晚就被破坏了。

参加了我们的课程之后，道格拉斯终于发现自己多年来是多么愚蠢：他竟然从未发现妻子乐在其中，而且她肯定非常渴望听到他对自己辛苦劳作的赞美。

一天晚饭过后，妻子说她想给草坪除除杂草，让道格拉斯陪着她一起干。一开始道格拉斯拒绝了，但他很快意识到自己不该这么做，于是便陪妻子除起草来。他看得出来妻子当时很开心。他俩有说有笑地干了一个小时就完成了这项繁重的任务。

自那以后，道格拉斯经常陪妻子一起打理草坪，他开始称赞妻子把草坪修剪得多么整齐，能在这样贫瘠的土壤里种出漂亮的花花草草真是了不起。结果呢？家庭生活变得更加幸福了，因为他终于学会站在妻子的立场看问题，即使那问题不过是一些杂草而已。

杰拉尔德·尼伦伯格博士在他的著作《获得他人的理解》（*Getting Through to People*）中写道：

> 如果你对他人想法的关心不亚于对自己想法的热衷，那么他人就会愿意与你倾心而谈。在交谈之初，你要告诉对方谈话的意图或者目的。在开口说话之前要先想一想，如果你是那个倾听者，你愿意听到什么话。若要对方乐于接纳你的观点，你就得先接受他的观点。

一直以来，我总是很喜欢去我家附近的一个公园散步和骑自行车。我就像高卢的德鲁伊教徒一样，渴望寻找一棵神圣的橡树。然而，我沮丧地发现公园里的小树苗和灌木丛经常被火烧毁。大火并不是由烟头引起的，而是由那些在树下野炊的孩子们引起的。有时火势太猛，只得惊动消防部门来处理火情。

公园有一块“注意防火”的警示牌，上面清楚地写着纵火者将受到重罚甚至被判入狱，但是这块警示牌立在一个人迹罕至的地方，几乎没有哪个人看见过它。公园里还有一位骑马的巡警，但他也不怎么尽责，因此火灾总是不断发生。有一次我恰好遇上了火灾，就匆忙找到那位巡警，告诉他火势正在公园里蔓延，请他立刻联系消防部门。可是他竟然说这不关他的事，因为这不属于他的管辖范围！我彻底绝望了。自那以后，每当我去公园里骑自行车时都会担起保护公园的责任。开始的时候，我忘了要站在对方的立场思考问题。每当看见树底下燃起火苗，我就会气急败坏地走上前去警告那些孩子纵火是要进监狱的，并且命令他们马上把火熄灭。如果他们拒绝熄灭。我就用逮捕来吓唬他们。我做的这一切都只是在发泄自己的不满，并没有站在他们的立场思考问题。

孩子们听从我的命令了吗？是的，他们板着脸，很不情愿地扑灭了火。但是，在我骑车离开了他们的视线之后，他们可能又点起火，还恨不得烧光整个公园。

随着年岁增长，我学会了为人处世的技巧，也懂得了要站在他人的立场思考问题。于是我不再乱下命令，而是走到火堆旁边对孩子们说：

> 小伙子们，玩得开心吗？你们打算做什么吃？我小时候也喜欢野炊，直到现在还很喜欢。但是你们也知道在公园里生火是十分危险的。我知道你们会很小心，但是别的孩子可就难说了。看见你们生火，他们会学着玩，走的时候又不把火熄灭，那么干树枝就会被点燃。再这样下去，这里的树木就要被烧光了。纵火者可是要坐牢的！我并不是要阻止你们，我也希望你们玩得开心，但是现在能不能请你们把火堆旁边的树叶扫开呢？你们走的时候能不能用土把火扑灭呢？下次来野炊的时候，能不能去那边小山丘的沙坑里生火呢？那样就不会引发火灾了。谢谢了，孩子们，祝你们玩得愉快。

经过这样一番谈话，孩子们愿意配合了，因为他们不是被迫服从，所以脸上没有一丝不悦。这番谈话给他们留足了面子，我自己也觉得很满意，因为我终于通过换位思考顺利解决了这个问题。

从他人的角度思考问题还能缓和紧张的个人危机。澳大利亚新南威尔士州的伊丽莎白·诺瓦克已经拖欠车款6个星期了。她说：

> 星期五那天，我接到一个催款电话，电话那端的人很不客气地对我说，如果我没有在星期一之前支付122美元，他们就要起诉我了。而我根本没办法在一个周末就凑齐这笔钱，所以星期一早晨他再次打来电话时，我已经做好了最坏的打算。我试着从他的角度思考问题，真诚地为自己造成的不便表达了歉意。我说我一定是他见过的最麻烦的客户了吧，因为我已经不是第一次赊账了。听到这里，他的语气立刻发生了明显的变化，他说比起那些真正令人头疼的客户，我真的好太多了。他接着给我举了一些例子，说那些客户有多么粗鲁，多么爱撒谎，还总想办法不跟他正面交谈。我什么也没有说，只是默默地听他诉苦。最后，没等我开口求情，他就主动告诉我贷款不必立刻还清，只要我能在月底先付20美元，剩下的在我方便的时候偿还就行。

明天，在你要求他人扑灭火苗、购买你的产品或者为慈善机构捐款的时候，为什么不先停下来，闭上眼睛，从他人的角度来思考整件事呢？问问你自己："为什么他想做这件事？"的确，这样的思考需要时间，但是它能使你尽量不与他人为敌，让你的人际关系少一些摩擦，少一些碰撞，从而达到更好的效果。

哈佛商学院的院长敦汉姆说："在参加一场面试前，我宁愿在面试官办公室外徘徊两小时，也不愿在没有构思好自己要说的话，或者在没有弄清楚面试官的兴趣和动机之前就走进那间办公室。"

这句话太重要了，所以我再强调一遍：

> 在参加一场面试前，我宁愿在面试官办公室外徘徊两小时，也不愿在没有构思好自己要说的话，或者在没有弄清楚面试官的兴趣和动机之前就走进那间办公室。

即使你读完了这本书，只记住了一句话——站在他人的立场上，从他人的角度进行思考，你的职业生涯也会因此有个很好的开端。

• 原则 8：

学会换位思考。

与他人充分共情

有这样一句充满魔力的话，它可以平息争执、消除怨念、增加魅力并让他人认真倾听你的诉说。你想知道吗？

这句话就是："我一点也不否认你的观点。如果我是你，我也会有跟你一样的感受。"

世界上脾气最差的人面对这样的回答也不会生气，而且你完全可以百分百真诚地说出这句话，因为如果你是他，你当然也会有跟他一样的感受。就拿艾尔 · 卡彭来说，如果你有他的身体、性格和头脑，拥有跟他一样的成长环境与经历，那么你就会做出跟他一样的事来。他之所以是他，完全是由上述因素决定的。

所以你的成功跟你其实关系不大——请记住，你身边那些脾气暴躁、心胸狭隘、不讲道理的人之所以那个样子也不能怪他们。他们是罪恶的灵魂，请给予他们怜悯。你要对自己说："看在上帝的份儿上，我就不去追究了。"

在你一生遇见的人当中，有 3/4 的人都渴望得到怜悯。所以，请给予他们怜悯和同情吧，他们会感激你的。

在一次广播节目中，我为听众介绍了《小妇人》的作者路易莎 · 梅 · 奥尔柯特。当然，我知道她在马萨诸塞州的康科德长大并在那里完成了这部巨著的创作。可是当我提到她的家乡时竟然出现口误，说成了新罕布什尔州的康科德。只犯一次错误也就算了，可是我竟然说了两次！一时间，信件和电报纷纷轰炸我，批评就像成群结队的大黄蜂，在我毫无防备的脑袋旁边嗡嗡作响。这些言辞有的义愤填膺，有的污秽不堪。一个在马萨诸塞州康科德长大、现居费城的贵妇给我写了一封泄愤信，其言辞之激烈就好像我指控了奥尔柯特女士是新几内亚的食人族一般。读那封信时我不断对自己说："谢天谢地！幸好这个女人不是我老婆。"我特别想回信告诉她，虽然我在地理上犯了一个错误，但是她在礼节上犯的错误可比我严重多了。这还只是信的开头，下面我还要挽起袖子将我的想法一五一十地写上去呢。好在我忍住了，我并没有这么做。只有性急的傻瓜才会这么做呢，的确，很多傻瓜就是这么做的。

我可不想当傻瓜，所以我下定决心要化敌为友。这对于我来说既是一个挑战，也是一场游戏。我对自己说："如果我是她，我也会有跟她一样的感受。"于是我决定赞同她的观点。后来我有一次到费城的时候给她打了一个电话。以下是我们之间的对话：

我：您好，女士。几个星期前您给我写了一封信，在此我要谢谢您。

她：（礼貌地、干脆地）：请问您尊姓大名？

我：您可能不认识我，我是戴尔·卡内基。您还记得几个星期前的广播节目吗？我在节目中介绍了路易莎·梅·奥尔柯特，我当时把她的家乡说成了新罕布什尔州的康科德，这是一个愚蠢的错误，我为此感到抱歉。不过您真是太好了，还抽出时间写信给我。

她：对不起，卡内基先生，我在信里对您发脾气了，我必须道歉。

我：不！不！应该道歉的是我。那是小学生都知道的事情，我竟然还说错了。我在后来的节目当中道过歉了，现在，我想特别向您道个歉。

她：马萨诸塞州的康科德是我的出生地，两个世纪以来，我的家族在马萨诸塞州名望很高，所以我特别为家乡自豪。当我听见您说奥尔柯特女士来自新罕布什尔州时，我的心都要碎了。但是我真的很惭愧，居然写出那样的信来。

我：我保证比你更难过10倍。我犯的错没有伤害到马萨诸塞州，却伤害到了我自己。像您这样有地位、有身份的人能够抽空给广播里的人写信真是特别难得。下一次如果发现我又说错话，希望您能再次来信纠正我的错误。

她：你知道吗？我非常欣赏你接受批评的态度。你为人一定很好，我很愿意与你多多来往。

由于我真诚致歉并对她的立场表示理解，于是她也向我道歉，反过来理解我的立场了。我当时控制住了脾气，以好意来回报辱骂，这种表现实在令我自己满意。我深深觉得，想方设法赢得她的好感要比直接对她说“你去跳江吧”有趣得多。

每一位美国总统都要面临许多棘手的人际问题，塔夫脱总统也不例外。他的经验告诉他，同情对于不愉快的情绪有着巨大的调节作用。在其著作《服务伦理》(*Ethics in Service*)一书中，塔夫脱总统以风趣的手法描述了自己如何让一位失望透顶却又雄心勃勃的母亲平息了心中的怒火。他写道：

华盛顿有位夫人，她丈夫在政坛上颇具影响力。她连续6周来找我，费尽口舌想让我在政府给她儿子安排个差使。参众两院的很多议员都帮她说情。她也曾和他们一起来找我，竭力想为儿子谋到这个差事。可是这个职位对专业技术的要求很高，而我之前也已经根据该部长的推荐委派了另外一个人任职。后来那位母亲给我写了一封信，说我太不厚道了，举手之劳就能做到的事情我都不愿帮她。她还抱怨说，她还曾与州代表努力协商，让他们投票支持我提出的一个行政法案，而我却以这种方式报答她。

当你收到这样一封信时，你会首先想到该以何种严厉的方式对待这种言辞不得体甚至有些粗鲁无礼的人，然后给她一个答复。可如果你是个聪明人，你一定会将这封信锁进抽屉，两天之后再拿出来，而且这种信件两天不回复也没有什么关系。隔了两天你也就不会再用气愤的语气回信了，我正是这么做的。两天后，我坐下来以尽可能礼貌的语气给她回信，我说我能理解她作为一位母亲的失望，但是一个职位的任命并不是完全由我说了算的，我得根据该部部长的要求选出一位在专业技能方面能够胜任的人。我还表示希望她的孩子能在现在的岗位上做出一番成绩，以实现母亲的期望。这封信平息了她的怒气，她也给我回了一封信表达歉意。

那个职位的任命并没有马上确定下来。几天之后，我收到了一封以她丈夫名义写来的信，实际上这封信的笔迹跟前几封信并无二致。信中说，由于妻子对这件事情失望至极，她现在犯了一种相当严重的胃病，卧床不起，能否请我撤销对那个人的任命，改由他的儿子顶替以消除她的苦痛。于是我不得不再回一封信，当然，这次是回给她丈夫的。我说我希望诊断出现了失误，我非常理解他对妻子伤病的担忧，可是那个人的职位候选已经确定了，更改是不可能的了。两天之后，白宫举办了一场音乐会，音乐会上第一个问候我和我夫人的就是这对夫妇，尽管这位夫人几天前还生命垂危呢。

杰伊·曼格姆是俄克拉何马州塔尔萨市一家电梯维修公司的代表，他们公司与一家豪华的宾馆签有维修合同。有一次宾馆的电梯需要停用 8 个多小时进行维修，可是宾馆的经理不愿让电梯一次停两个小时以上，因为那会给客人造成不便。他希望分次进行维修，但问题是，维修工不可能在宾馆方便的时候随时待命。

曼格姆先生把这个活儿安排给一名技术一流的维修工之后，又给宾馆经理打了个电话，他并没有要求经理一定要给这位维修工人留足修理时间，而是说：

瑞克，你们工作忙，想把维修时间压缩到最短，这一点我完全理解。我们也想尽力为你们提供便利。可是你们的电梯确实需要大检修了，如果这一次不完成，下一次还会出现更大的故障，那么维修时间只会更长。你一定不希望连续多天给客人造成不便吧。

这位经理不得不承认，8 个小时一次性完成维修确实比分成多次维修更好。曼格姆先生理解经理为客人着想的愿望，也对其现状表示了同情，因此宾馆经理很开心地接受了他的提议。

乔伊斯·诺里斯是密苏里州的一位钢琴教师。她讲述了自己的故事。她的学生芭贝特的指甲特别长，这对于希望弹一手好钢琴的人来说是一个坏毛病。诺里斯女士说：

> 我知道长指甲会妨碍她的进步，在课前的谈话中，我并没有提到她的指甲，因为我不想让她对学钢琴失去兴趣，我也知道她一定不愿剪掉她引以为傲的、精心呵护的漂亮指甲。
>
> 第一次课程结束之后，我看准时机对她说："芭贝特，你的手指纤长美丽，指甲也漂亮。可是你会发现，剪短了指甲以后钢琴学起来就更快更容易了，你会像期望中的那样弹得一手好钢琴。请好好考虑一下，好吗？"她马上对我做了个鬼脸表示不开心。我又对她的妈妈说明了这一情况，并且再一次赞美了芭贝特的指甲。她的妈妈也面露难色，显而易见，这一手漂亮的指甲对芭贝特来说非常重要。
>
> 令我感到意外的是，芭贝特来上第二节钢琴课的时候，她的指甲竟然已经剪短了。我表扬她可以为学钢琴做出这么大的牺牲，我也感谢她的妈妈督促她剪指甲。她的妈妈却说："我什么也没做，是她自己决定剪的。这可是她第一次听别人的话把指甲给剪了呢。"

诺里斯女士有没有威胁芭贝特？她有没有说不愿意教一个没剪指甲的女孩弹钢琴？不，她并没有这么做。她说芭贝特的指甲漂亮，可是若要弹钢琴就必须要牺牲指甲。她传达了这样的信息："我很理解你，我知道剪指甲对你来说并不容易。你放弃了漂亮的指甲，却会在钢琴的学习上换来丰厚的回报。"

索尔·胡洛克是美国第一位演出经纪人，他与夏利亚宾、伊萨多拉·邓肯、巴甫洛娃等世界著名艺术家打了半个世纪的交道。胡洛克先生对我说，在与这些喜怒无常的大明星相处的过程中，他学到的第一课就是理解，理解他们的性情以及他们独特的行为方式。

他给费尔多·夏利亚宾当了3年的经纪人。夏利亚宾是著名的男低音歌唱家，他的歌声曾让豪华包厢里的无数富豪为之惊叹。然而在生活当中，夏利亚宾却像个被宠坏的孩子。胡洛克曾这样评价他："无论从哪方面来看，他都像是一个刁顽的恶魔。"

比如说，夏利亚宾会在演唱会那天中午打电话给胡洛克说："索尔，我感觉不舒服，我的嗓子疼得要命，看来今晚是不能唱歌了。"胡洛克会跟他争辩吗？不，他知道一个企业家是不能以那种方式对待一个艺术家的。他立刻赶到夏利亚宾所在的宾馆，用同情且哀伤的语调对他说："真遗憾啊！我可怜的朋友。你这样当然不能去唱歌了，我现在就去取消这场演出。这只不过是几千美元的损失，跟你的名声相比，这损失太不值一提了。"

然后夏利亚宾哀叹一声，说："你5点钟再过来一趟吧，也许那时候我就感觉好多了。"

5点钟的时候，胡洛克再次赶到宾馆，再次用同情的语调要求取消演唱会。而夏利亚宾再次叹一口气，说："你晚点再来一趟吧，也许那时候我就好了。"

到了7点半，这位伟大的歌唱家终于肯出来表演了，条件是胡洛克先生必须登台告诉观众，夏利亚宾今天感冒了，嗓子不舒服。胡洛克先生会假装同意，因为他知道只有这样才能促使夏利亚宾上台。

阿瑟·盖茨博士在他的巨著《教育心理学》(*Educational Psychology*)中写道：

> 人类全都渴望同情。孩子喜欢表现自己的脆弱，甚至不惜把自己弄伤以换取足够的同情。成年人为了博得同情也会露出他们的伤痕，诉说他们的经历、病痛，特别是做外科手术时的细节。从某种程度上来说，几乎所有人都会对现实或想象中的不幸进行"自我怜悯"。

因此，如果想使他人信服你就要试试上面的方法。

• 原则 9：

与他人充分共情。

激发他人高尚的情操

我在密苏里州的乡村长大，那里曾是大盗杰西 · 詹姆斯的故乡。我参观过詹姆斯位于科尔尼的农场，他的儿子当时就住在那里。

詹姆斯的妻子给我讲述了他当年抢劫火车和银行的故事：詹姆斯把抢来的钱分给了邻居，让他们拿去清偿债务。

詹姆斯或许与达基 · 舒尔茨、“双枪杀手”克劳利、艾尔 · 卡彭以及无数个黑帮组织的“教父”一样，把自己当作英雄豪杰了吧。其实你遇见的所有人都是这样，他们都自视甚高，乐于将自己想象成无私、高尚的英雄。

皮尔彭 · 摩根在他的一篇调查报告中分析道，人们做一件事情往往有两个原因：一个是高尚的借口，另一个才是真实的理由。

人们当然知道自己做每件事的真正理由，这点自然不必强调。可是每个人都喜欢把自己理想化，愿意相信那些高尚的借口。所以，当你试图改变他人的时候，就需要激发他们高尚的动机。

然而，把这一方法应用于商业领域是不是过于理想化了呢？我们来看看下面的故事。这个故事发生在宾夕法尼亚州的汉密尔顿 · 法雷尔身上。他的一位房客对居住环境不满，威胁说要搬走，尽管离租约到期还有 4 个月，他也不管不顾。法雷尔先生在课堂上讲道：

这些房客在房租最贵的冬天入住，如果他们现在就要搬走，我就很难在秋天来临之前再把房子租出去，这样一来，到手的租金又白白流走了，所以我当时很生气。

通常情况下，我会上门去找那位房客，让他再认真看一遍租约，并提醒他如果现在要搬走就必须全额付清房租，因为按照约定我有权利这样做。

然而这一次，我试图运用其他办法让这位房客打消搬走的念头。我是这样对他说的："多伊先生，我听说您要搬走，但我相信您不会真的这样做。多年出租房屋的经验告诉我，您绝不是一个不讲信用的人。我十分确信这一点，并愿意为此跟您打个赌。"

"我建议您还是认真考虑几天，如果在下个月月初您还是决定要搬走，那我就无话可说了。我会让您搬走并承认我之前的判断是错误的，但我还是相信您是个讲信用的人，不会违约。毕竟人与猴子的区别之一就在于是否能信守承诺，而究竟是做人还是做一只猴子，选择权在我们自己手上。"

第二个月月初，这位先生找到我，把租金付给了我。他说他跟妻子商量过了，最终还是决定留下来，他们认为唯一体面的做法就是遵守租约。

北岩勋爵在世时，发现一家报社未经他允许便刊登了他的一张私照，于是决定给报社的编辑写一封信。他并没有说"我对公开刊登本人照片一事颇为反感，请贵报撤换该照片"，而是选择了一个更高尚的理由，他利用每个人对母亲的尊敬，在信中写道："家母对公开刊登本人照片一事颇有微词，请贵报撤换该照片。"

当小约翰 · 洛克菲勒希望一家报纸停用他孩子的照片时，他也选择了一个高尚的理由。他没有说："我不想把孩子的照片公诸于众。”而是利用了每个人内心深处对孩子的关爱，他说：“你们知道把孩子曝光这种做法对孩子的成长是不利的，因为你们也有孩子。”

《星期六晚邮报》和《妇女家庭杂志》的创刊人、百万富翁塞勒斯·柯蒂斯在创业之初只是一个来自缅因州的穷小子。当时的他根本无法像其他杂志一样为撰稿人支付高昂的稿费，也无法请来那些一流的作者为他撰写文章。于是他通过激发他们的高尚动机来达到自己的目的。有一次，为了让正处于事业高峰期的《小妇人》的作者路易莎·梅·奥尔柯特为自己写一篇文章，他寄出了一张100美元的支票，但是这张支票并没有寄给她本人，而是寄给了她最钟爱的慈善机构。

读到这里，一些喜欢怀疑的人可能会说：“这种方法只对北岩勋爵、洛克菲勒或多愁善感的小说家管用，我想知道你这一套在那些欠我钱的固执家伙那里行不行得通。”

也许你是对的，没有哪个方法会放之四海而皆准，也没有哪个方法能让所有人买你的账。但是，如果你对自己现在得到的结果很满意，又何必改变自己的方法呢？但如果你对这些结果并不满意，试一下这个方法又有何妨呢？

无论如何，我认为你都会很愿意读读这个真实的故事，它发生在我的学生詹姆斯·托马斯身上。

一家汽车公司的6位顾客拒绝支付维修费，他们当中没有一个人拒绝付全款，只是觉得其中的一项收费不合理。但是这6个人对汽车公司提供的服务已经签字认可，所以汽车公司认为全额收费是理所应当的，于是他们向顾客声明了这一点。这是公司犯的第一个错误。

下面是一位信贷人员上门催收顾客欠款的流程，你认为他们这样做能成功吗？

1. 他们挨个拜访了这6位顾客，直接告诉他们是来收取欠款的。

2. 他们明白地告诉对方，公司绝对没有过错，是顾客错了。

3. 他们申明，在汽车领域公司要比顾客专业得多，所以还有什么可争论的呢？

4. 结果：他们争论起来了。

上述方法能否成功地协调这个问题并收回这笔欠款呢？我想你应该有答案了。

事情到了这个地步，信贷部门经理都要准备聘请律师与顾客开战了。幸好这件事情引起了总经理的关注，他调查了这些欠款顾客的信用记录，发现他们往常都会及时付款，这次一定是公司的某个环节出了错。所以他派詹姆斯·托马斯去收这些难以收回的欠款。

托马斯先生说，他采取的是以下步骤：

1. 我的目的也是将这些欠款收回，因为我们知道这笔款项绝对不存在争议。不过，我对此只字未提，我向他们解释道，我来就是为了了解公司做错了什么，或者还有哪些没做到的。

2. 我跟顾客表明，在听他诉说完整件事之前我绝不会发表自己的看法，而且我们公司也不认为自身一点错误都没有。

3. 我告诉他，我关心的只是他的车子，而这个世界上只有他本人最了解他的车，所以在这件事情上他是最有发言权的。

4. 我让他倾诉，而我则一直专注而同情地倾听，这种方式正是他需要和期待的。

5. 最终，在这位顾客的情绪稳定下来之后，我让他知道我会公平对待这件事，并借机激发其高尚的情操。我说："首先，我也觉得这件事情是我们处理不当。我们的工作人员给您造成了不便，触犯了您，这种事情完全不应该发生。为此我感到十分遗

> 憾，我要代表公司向您道歉。刚刚在叙述整件事情的时候，您的公正和耐心给我留下了深刻的印象。因为您的公正和耐心，所以我想请您帮我做一件事——这件事没有谁比您更能胜任，没有谁比您更了解其中的情况。这是您的账单，我知道我可以放心地交给您来核查。假定您就是我们公司的总裁，看看您会怎么做。这件事完全由您定夺，您怎么说都可以。”

那么他核查账单了吗？当然，他非常乐意这么做。账单上的款项从 150 美元到 400 美元不等，他们从中得到好处了吗？是的，有一个人这么做了！他拒绝支付有争议的账单，但是其余 5 人都付清了全部欠款。这个故事最精彩的部分在于：接下来的两年中，这 6 位顾客都从我们公司购买了新车。

托马斯先生说：“经验告诉我，在对顾客一无所知的时候，我们唯一能做的就是假定他们是真诚的、正直的，而他们一旦相信自己的行为是正确的，就会愿意配合我们的工作。换句话说，人们都是诚实的，都希望履行自己的义务，但也会有极少数的例外。我相信即使一个人有意欺骗，但当你假定他是诚实、公正的时候，他也不想让你失望。”

• 原则 10：

激发他人高尚的情操。

戏剧化地表达你的想法

多年以前，《费城晚报》曾经被一些谣言恶意中伤，这些流言飞语散布面很广。广告商们听说这份报纸对读者已经不再有吸引力了，因为其中刊登的广告太多、新闻太少。为了防止广告客户流失，该报社必须马上采取措施终止这一谣言。

可是采取什么措施好呢？

他们是这样做的：

《费城晚报》将某一天的报纸内容进行剪辑、分类，合订成一本书——《一天》。这本书一共有 307 页，就像一本硬皮书那么厚。《费城晚报》在书中编录了当天的新闻和专题报道，书的售价并不是几美元，而是几美分。

这本书的印制使《费城晚报》刊登的大量有趣的阅读材料戏剧化了，这么做要比仅仅出版几页人物访谈和时事评论生动、有趣得多。

如今的时代是一个戏剧化的时代，仅仅陈述事实是远远不够的，事实需要以更生动、更有趣的形式表现出来。你得运用表演技巧吸引大众的注意，电影和电视节目都是这么做的。如果你想得到关注就要这样做。

橱窗展示方面的专家深知戏剧化的威力。举个例子，为了推销新药，一家灭鼠药生产商为其经销商提供了两只活老鼠，放在橱窗内展示。在展示的那一周，该灭鼠药的销量上涨了 5 倍。

我们可以在电视广告中找到很多运用戏剧化效果推销产品的例子。你不妨花一晚上的时间坐在电视机前分析每一个广告都采用了什么方法：你将发现抗酸药是如何让试管中的酸性液体改变颜色，而竞争对手却达不到这样的效果。你还会发现某品牌肥皂和清洁剂是如何让满是油渍的衣服焕然一新的，而另一品牌的产品清洗后却留下了灰色的痕迹。你会看见汽车在弯道以及颠簸的路面上完美行驶——这要比乏味解说的效果好得多。你会看见商品旁出现的一张张满意的笑脸，你会看见琳琅满目的商品呈现出各自的特点，而消费者吃的就是这一套。

无论是在商业界还是在其他领域，你都可以将你的想法戏剧化地表现出来。吉姆·伊曼斯是弗吉尼亚州里士满市一家收银机公司的推销人员。他为我们讲述了他运用戏剧化效果成功推销产品的经历：

上周，我去我家附近的杂货店买东西，我看见他们用的还是老式的收银机。我走向店主对他说："每当有顾客在排队时，你实际上都在把钱丢掉。"说着，我丢了一把硬币在地上，这很快便引起了他的关注。如果仅仅是对他说了这些话，他只不过是听听而已；而硬币扔在地上的声音却让他马上停下了手头的工作来听我说。于是我成功拿下了他的订单，换掉了这里所有的旧收银机。

这种方法在家庭生活中同样有效。旧时的男士向恋人求婚时是不是只说情话呢？不，他会单膝跪地以表示自己的诚意。如今人们已经不再跪地求婚了，但很多人在求婚之前，还是会营造浪漫的气氛。

戏剧化的效果对孩子也同样适用。亚拉巴马州的杰伊·方特无法让他5岁的儿子和3岁的女儿收拾满地的玩具，所以他发明了一辆"火车"。小杰伊是司机，骑着他的脚踏车，珍妮特的小马车连在脚踏车的后面，而满地的玩具就是"煤渣"。晚上，她把所有"煤渣"装进货车（她的小马车）里，然后跳上车，让哥哥载着她在房间里转圈。就这样，无须说教、训斥或威胁，满地的玩具都被收拾干净了。

印第安纳州的玛丽·凯瑟琳·沃尔夫在工作上遇到了一些麻烦，希望能与老板谈一谈。星期一早晨她去找老板，结果老板说自己一整天都很忙，她可以去找秘书预约一个见面时间。秘书又说老板这一周的日程很满，不过会尽力帮她安排。

沃尔夫女士说起了接下来发生的事：

我整整一周都没有收到秘书的回复。每次问她，她都能说出一个老板不能见我的理由。直到星期五早晨，我依然没有听到任何消息。而我真的希望在这周之内把事情和他谈清楚，所以我问自己，怎样才能让老板与我见面呢?

我最后决定这么做：我给老板写了一封很正式的信，我在信中说，我完全理解他这一周有多忙，但是我要与他谈的事情非常重要。我附上了一份写有自己名字的回执请他或秘书填写，然后交还给我。这份回执是这样的：

沃尔夫女士，我将在星期________，________点（时间）抽出________分钟与你交谈。

我在上午11点把这封信放入他的邮箱，下午2点的时候，我在自己的邮箱里看见了这份回执。他亲自填写了回执，告知他下午可以抽出10分钟见我。事实上，我们后来的交谈超过了一个小时，我的问题也得到了圆满解决。

如果我没有将自己想见他这件事以夸张的方式表现出来的话，我可能还在傻等他的约见呢。

詹姆斯·博因顿接到了一项任务——做一个冗长的市场报告。他所在的公司刚结束了对某知名润肤品的调研，他必须立刻将该品牌市场竞争力的数据提交上去。这个品牌是他们公司最想拿下的潜在客户，该客户实力雄厚，但却难以对付。

博因顿的第一次报告几乎还没开始就失败了。他说：

第一次去经理办公室的时候，我发现我们的讨论偏离了主题，竟然争论起调查方式的对错来了。双方争执不下，他认为我错了，而我却极力想证明自己是正确的。

最终，我赢得了争论。我感到很满意，可是会谈的时间到了，我却没有得到任何结果。

第二次，我没有浪费时间制作表格、搜集数据，而是直接去找他，并且运用了戏剧化的技巧。

当我走进他办公室的时候，他正在打电话。当他挂断电话时，我打开手提箱，将32瓶各种品牌的润肤品倒在他的办公桌上，这些全是他竞争对手的产品。

我在每一瓶润肤品上都贴了标签，写明了我的调研结果。每张标签都写得很简短、很夸张。

之后发生了什么？

我们之间不再有争论，因为这是一种不同于以往的全新方式。他拿起一瓶又一瓶润肤品，阅读上面的标签，然后我们展开了友好的交谈。他对此非常感兴趣，提出了很多问题。他本来只给我10分钟的时间展示，然而10分钟过去了，20分钟过去了，40分钟过去了，最后，一个小时过去了，我们还在交谈。

我想表达的内容与上次一模一样，但是这一次我运用了戏剧化的表演技巧，其结果与上次迥然不同。

• 原则 11：

戏剧化地表达你的想法。

发起挑战的激励法

一位厂长在查尔斯·施瓦布的手下任职，但他的工人不努力干活，工厂的生产情况非常糟糕。

“怎么会这样？”施瓦布问他，“像你这么能干的人怎么会经营不好一家工厂呢？”

“我不知道，”这位厂长回答道，“无论是安抚、激励还是咒骂，甚至是以惩罚、开除相威胁，都不管用，他们就是不努力工作。”

这段谈话发生在傍晚，正好在工人换班之前。施瓦布向厂长要了一支粉笔，然后转过身询问离他最近的工人：“你们白班的产量是多少？”

“6 件。”

施瓦布二话没说，在地上写了一个大大的“6”字，然后离开了。

夜班工人上班时看见了地上的“6”字，纷纷好奇这是什么意思。

“今天大老板来了，”白班的人说，“他询问了我们的产量，我们说是 6 件，然后他把这个数字写在地上了。”

第二天一早，当施瓦布再次来到工厂时，他看见夜班工人已经把“6”字抹去，写上了一个大大的“7”字。

白班工人上班时，他们看见了地上的“7”。也就是说，那些夜班工人认为他们比白班干得出色是吗？好吧，我们倒要让他们瞧瞧谁更能干。于是全体白班工人热情高涨，努力工作，傍晚下班时，他们在地上留下了一个大大的“10”字。就这样，工厂的生产情况渐渐有了好转。

这家原本产能低下的工厂很快就超过了其他所有工厂。

其原因何在？

查尔斯 · 施瓦布自己是这样描述的：

> 使事情顺利解决的办法就是激发他们的竞争意识。我指的并不是低俗的拜金主义，而是一种超越的渴望。

超越的渴望！挑战！抛弃所有惩罚！这才是激励人的最佳方式。

如果不是因为挑战，西奥多 · 罗斯福就不会成为美国总统。这位英勇的骑士刚从古巴回国，就被推选为纽约州州长的候选人。当罗斯福被政敌发现不是纽约州的常住居民时，他胆怯了，产生了退出竞选的念头。当时来自纽约州的国会参议员托马斯·科利尔·普拉特向罗斯福发起了挑战。他突然出现在罗斯福面前，大声地叫喊："这位圣胡安山战役的英雄难道是个懦夫吗？"

罗斯福继续参加竞选并且留名美国历史。因为敢于接受挑战，他不仅改变了自己的前途，还对美国的历史产生了巨大的影响。

"所有人都会有恐惧，但只有勇士会忘却恐惧，奋勇向前。他们也许会战死沙场，但是往往会取得胜利。"这句话是古希腊一位国王的座右铭。还有什么比克服恐惧更大的挑战呢？

阿尔·史密斯担任纽约州州长时也面临着这一情况。当时，位于魔岛西部最臭名昭著的辛辛监狱缺少一名监狱长。丑闻和谣言不时从监狱中传出，史密斯需要一位铁腕人物来管理辛辛监狱。谁是最佳人选呢？他派出了新汉普顿的刘易斯·劳斯。

"你去管理辛辛监狱怎么样？"当劳斯站在他的面前时，他轻松地说，"那里需要一位有经验的人来管理。"

劳斯大吃一惊。他知道辛辛监狱是个危险的牢笼，但政治任命通常都是变幻莫测的。辛辛监狱的典狱长更换频繁，最短的只待了 3 个星期。他要考虑自己的政治前途，是否值得去冒这个险？

史密斯看见他在犹豫，微笑着往椅背上一靠。"年轻人，"他说，"如果你害怕，我一点都不会责怪你，毕竟那是个危险的地方，需要一个大人物来管理。"

史密斯在向他发起挑战，不是吗？劳斯觉得做一个"大人物"的主意不错。

所以他去了辛辛监狱。他在那里待了很久，最终成为当时最杰出的监狱长。他的著作《辛辛监狱两万年》（*20 000 Years in Sing Sing*）

的销量数以万计，他在广播中讲述的亲身经历被改编成多部电影，他的人性化管理促进了监狱的改革。

费尔斯通轮胎和橡胶公司的创始人哈维·费尔斯通曾经说过：

> 我从不认为仅仅用金钱就能招聘到优秀的人才并且留住他们，我想他们感兴趣的是竞争本身。

伟大的人类行为学家弗雷德里克·赫兹伯格也认同这一说法。他深入调查了从工厂工人到高层管理人员的工作态度。他发现了人们最强的工作动机和最能激励人的因素。你认为是什么？是金钱吗？是良好的工作环境吗？是优越的福利待遇吗？不，都不是。最能给人以激励的是工作本身。如果这份工作有趣而刺激，员工就会努力工作，并且渴望把它做到最好。

这就是每位成功人士的最爱：竞争。他们想要一个自我表现的机会，去超越他人赢得胜利，以证明自己的价值。这就是竞走和吃馅饼这样的比赛存在的原因。因为人总是渴望超越，渴望得到一丝“被重视”的感觉。

• 原则 12：

发起挑战的激励法。

温馨小结

如何让他人信服你，12 条原则送给你：

- 原则 1：赢得争论的办法只有一种，那就是避免争论。
- 原则 2：尊重他人的意见，永远不要说“你错了”。
- 原则 3：如果你错了，立即向对方诚恳地认错。
- 原则 4：交谈，以友好的方式开始。
- 原则 5：让对方说“是”。
- 原则 6：耐心并且虚心地听完对方的话。
- 原则 7：让对方觉得自己最聪明。
- 原则 8：学会换位思考。
- 原则 9：与他人充分共情。
- 原则 10：激发他人高尚的情操。
- 原则 11：戏剧化地表达你的想法。
- 原则 12：发起挑战的激励法。

第四章

如何友善地改变他人

HOW TO
WIN FRIENDS
AND INFLUENCE PEOPLE

用真诚的赞赏开始谈话

我有个朋友曾经在凯文 · 柯立芝任美国总统期间在白宫度过了一个周末。有一次他无意中走进了总统办公室，听见柯立芝总统对一个秘书说："你今天早上穿的那条裙子很漂亮，你是个很有魅力的姑娘。"

这可能是"沉默的凯文"这辈子对秘书说过的最热情的话了。这句话来得太不寻常、太不合常理了，因此他的秘书满脸通红，搞不清楚状况。然后柯立芝总统说："啊，你别太得意了，我这么说只是想让你心情好点。从现在开始，我希望你多注意一下文章里标点符号的用法。"

他的目的性可能有点太明显了，但其心理学意义却是重大的。在坏消息之前说点好消息，坏消息似乎也变得容易接受了。

美国第 25 任总统麦金利在 1896 年竞选总统的时候也是这么做的。当时一位非常杰出的共和党人给他写了一篇竞选演讲稿，执笔者本人对这篇讲稿非常满意，感觉它比西塞罗、帕特里克 · 亨利和丹尼尔 · 韦伯斯特等历史名人合力撰写的稿子还要略胜一筹。于是这个年轻人十分兴奋地给麦金利朗读了这篇讲稿。稿子写得的确很好，亮点突出，就是不太符合当时的形势，因为它的内容可能会引起人们的强烈批评。麦金利不想伤害这个小伙子的感情，然而他必须对他说“不”。来看看他是如何巧妙地处理这件事的吧。

> 麦金利说：“我的朋友，这篇演讲稿写得太好了，太激动人心了，没人能比你写得更好了。稿子里的很多论点都十分中肯，不过你想想，在这个时候提出这些观点合适吗？你的立场十分坚定，不可动摇，但我得考虑整个共和党的立场。你回去看看我的批注，然后再写一篇给我看。”

小伙子照做了，麦金利也在稿子上用蓝色笔做了批注，帮助这个小伙子完成了自己的第二份讲稿。于是麦金利成了竞选中最棒的演讲者之一。

下面这封信是亚伯拉罕 · 林肯写过的又一封著名的信件。（他最著名的信件是写给比克斯比夫人的，表达了他对其 5 个儿子都牺牲在战场上的深深哀悼。）林肯很可能是在 5 分钟之内写就的这封信，但它在 1926 年的拍卖会上却拍出了 12 000 美元的高价，这比林肯半个世纪的辛勤工作所攒下的钱还要多。这封信是在 1863 年 4 月 6 日写给约瑟夫 · 胡克上将的。那是美国南北战争最黑暗的时期——短短一年半里，林肯的将军们带领联邦军队吃了一个又一个败仗。南北战争只不过是个无用且愚蠢的人类屠宰场罢了，广大民众惊惶度日，成千上万的士兵临阵脱逃。国会的共和党议员甚至已经蠢蠢欲动，想趁机把林肯赶出白宫。林肯说：“我们已处于崩溃的边缘，好像连上帝都不站在我们这一边了。我几乎看不到任何希望。”这封信就是在这样悲惨、混乱的背景下写的。

我把这封信收录在这里，因为它为我们展现了林肯如何说服这位桀骜不驯的胡克上将的。这时候，全国人民的命运都握在这位上将的手中。

这可能是林肯就任后写过的言辞最犀利的信了，然而你会注意到他在提及胡克上将所犯的严重错误之前，还是先赞扬了他一番。

是的，胡克上将犯了非常严重的错误，但林肯可不会这么说，林肯的表达方式更保守也更得体。林肯写道：“我对你有些事情的做法是不能苟同的。”看看他运用的技巧，这话说得多么恰到好处！

下面就是林肯总统写给胡克上将的信：

我委任你为波托马克军司令。当然，我这样做是有充分理由的，但你最好知道，我对你有些事情的做法是不能苟同的。

我相信你是一名勇敢善战的军人，这样的人我当然喜欢了。我还相信你不会将政治与职业混为一谈，在职业选择方面你是正确的。你很自信，就算这个品质不是不可或缺的，也是个难能可贵的优点。

你有雄心壮志，在合理的范围内有雄心当然是件好事情。但我认为在伯恩赛德将军指挥期间，你保持着自己的雄心，极力阻挠他。你这样做不仅对不起国家，也对不起那个成绩卓著、可敬可佩的战友。

你最近说过“无论是军队还是政府都需要一个优秀的统帅”。我赞同你的观点。当然，并不是因为你这样说我才委任你为波托马克军司令，就算你从未这样讲过，我仍然会这么做。

只有那些建功立业的将军才能成为统帅。尽管将来可能会面对大将专权的状况，我现在仍希望你能战事大捷。

政府将全力支持你，对所有的将军都一视同仁，绝不会对你另眼相看。我非常害怕你带起来这种横加指责、心存疑虑的风气会毁了你。因此，我会帮助你改变这种风气。

如果任其蔓延，别说是你，就是拿破仑再世也无能为力。现在请戒骄戒躁，全神戒备，勇往直前，去争取胜利吧！

你不是柯立芝，也不是麦金利和林肯，你肯定想知道这套哲学在日常生活中的应用效果如何，不是吗？让我来举个费城华克公司高先生的例子。

华克公司签订了一个合同，合同要求该公司在某日期前完成位于费城的一栋大型写字楼的建设任务。一切都进行得很顺利，然而在大楼即将完工的时候，提供外墙装饰材料的分包商突然表示自己无法按时供应材料。什么！一整栋大楼都要停工吗！这意味着高额的罚金和极大的损失，而这一切都是由这个供应商造成的。

无论是长途电话还是激烈的争吵都没能解决这个问题。这时，高先生被派往纽约，他要到材料供应商的公司去讨个说法。

“你知道在整个布鲁克林区只有你叫这个名字吗？”在互相介绍后，高先生问分包商的总裁。总裁先生很吃惊：“不，我不知道。”

高先生说：“我早上下火车之后在电话本上找你的地址，你是整个布鲁克林区唯一一个叫这个名字的人。”

“这一点我从来都不知道啊。”总裁说。他颇有兴致地查看了电话本。“啊，这的确是个不寻常的名字，”他骄傲地说，“我的家族来自荷兰，在纽约定居已经快两年了。”接下来的几分钟他一直谈论他的家人和他的先辈。在他讲完后，高先生又称赞了他宏大的工厂规模，并与他所参观过的其他同类型工厂进行了比较后说：“这是我见过的最干净整洁的装饰材料工厂了。”

“这座工厂倾注了我全部的心血，”总裁说道，“我很为它自豪。你愿意到处参观一下吗？”

在参观的过程中，高先生又称赞了工厂的流水线，并告诉总裁先生为什么他的工厂看起来比其他竞争者的工厂要好得多。接下来，高先生又和总裁讨论了几台不寻常的机器——这几台机器是由总裁本人自己发明的。他花了很长时间向高先生展示这些机器如何运转，它们的效果有多好。参观结束后，他又坚持与高先生共进午餐。我得提醒你一下，直到此时高先生还没提过一句他的真正来意呢。

午饭后，总裁说："现在，我们来干正事吧。我当然知道你是来干什么的，但我从没想过我们的会面会这么愉快。我答应你，你们的货物一定会按时生产、按时送达，就算我把其他的订单延后也没关系。你可以放心地回费城了。"

高先生还没开口，就达成了此行的所有目的。所有货物按时到达，写字楼也按时交工了。

如果高先生采取了通常采用的强硬手段，他能取得这样的效果吗？

多萝西·乌布鲁斯基是联邦信贷联盟新泽西蒙默斯堡分行的经理。有一次他在课上讲述了他曾帮助自己的员工提高工作能力的故事。

> 最近，我们雇用了一位年轻的女士做出纳员。她与顾客之间的交流非常顺畅友好，处理起工作来也得心应手。但问题出在晚上清账的时候。
>
> 总出纳员强烈建议我辞退这位女士，说她拖整个团队的后腿，因为她清账的速度太慢了。
>
> 第二天，我观察了一下，发现普通的日常交易她处理得又好又准确，对顾客也很热心。
>
> 没过多长时间，我就明白了她为什么会在清账上有困难。在某天的工作结束之后，我走到她身边和她交谈起来。她明显很紧张。我表扬了她白天工作时对顾客的友好耐心，也称赞了她处理业务时的熟练与准确。然后，我提议我们再学习一遍清账的步骤。当她发现我对她有了信心之后，很容易就听从了我的建议，并且很快就掌握了业务技巧。从那时起，我们对她的工作就再也没有意见了。

以称赞开始谈话就像牙医在拔牙时用局部麻醉剂一样。病人依旧会做钻孔，但是麻醉剂会麻醉人的痛感神经。这就是领导应该运用的技巧。

• 原则 1：
用真诚的赞赏开始谈话。

聪明地指出他人的错误

一天中午，查尔斯 · 施瓦布路过他的一家炼钢厂，发现一个工人正在吸烟。那个工人的头上有一块提示牌，赫然写着“请勿吸烟”。可能有人会马上指着那块牌子对他说：“你认识字吗？”但施瓦布是这么做的吗？不，他没有。他说：“孩子，如果你能到外面吸烟的话，我将万分感激。”员工知道，老板施瓦布看到他违反了规定，但没说什么，而是对他表示了尊重，使他觉得自己很重要。你也会情不自禁地爱戴这样一个人，对吗？

约翰 · 沃纳梅克也采用了同样的技巧。过去的每一天他都到位于费城的大商店里巡视。有一次他看见一位顾客在收款台前等候，却没有人注意到她。售货员呢？他们围成一圈在收款台的另一侧高声谈笑。沃纳梅克一句话都没说，他只是一声不响地走进收款台亲自接待了这位女士，然后在临走之前把这位女士购买的货物交给售货员包装。

官员们总是因为自己不够亲民受到选民的斥责。他们的确很忙，但这个问题有时候也应该怪那些保护欲旺盛的助手们，他们不想让已经疲惫不堪的老板再去面对过多的来访者。卡尔·朗格弗德曾在佛罗里达州奥兰多市做过多年的市长。他常常告诫自己的下属要允许人们来拜访他，因为他奉行的是“门户大开”政策，然而来访者却总是被身边的秘书或是管家拒之门外。

最终这位市长找到了解决办法——他直接把办公室的门拆掉了！自从他象征性地把门扔掉了之后，他的众位助手领会了老板的意思，而市长本人真正兑现了开放透明执政的承诺。

在友善地改变他人这件事上，仅仅改掉两三个词便会产生不一样的效果。

很多人在批评他人时都会以一段赞扬开头，然后就用“但是”一词将话锋一转，最终以批评收尾。例如，在尝试改变孩子对学习漫不经心态度的时候，我们可能会说：“约翰尼，这学期你进步了，我们真的很为你自豪，但是如果你能在代数上下更多功夫的话，结果可能会比现在还好。”

假若这样，一开始约翰尼可能会觉得受到了鼓励，可是一听到“但是”这个词，他就难免会怀疑先前那些赞扬之词的真实性。对他来讲，这段赞扬不过是为了引出后面对其失败的批评罢了。这样约翰尼便不会再轻易相信我们，而我们可能也很难达到转变孩子学习态度的目的。

而把“但是”一词换为“而且”或者去掉“但是”，就可以很容易地克服这个问题：“约翰尼，这学期你进步了，我们真的很为你自豪，（而且）下学期要是能继续这样努力，你的代数成绩很快就会赶上其他人的。”

现在，约翰尼可能就会接受这样的表扬了，因为这句话里没有提及他的失败。我们已经间接地引起了他的注意，表达了我们想让他改变自身行为的想法，而他也会尽力不辜负我们的期望。

与敏感的人交往时，间接提及他的错误会收获意想不到的效果，因为这样的人对直接的批评会心存怨怼。来自罗得岛文索基特的玛吉·雅各布曾在一堂课上为我们讲述了她是如何说服那群懒怠粗心的建筑工人在工作结束后清理建筑垃圾的。

扩建工作刚刚开始的几天，雅各布太太下班回家的时候发现，院子里满是白天留下的碎木屑。她不想再麻烦那些工人来收拾，因为他们分内的工作的确做得不错。所以，在工人们收工回家之后，她带着孩子们把所有的碎木块都拾起来，放在角落里。第二天早上，她把工头叫到一旁说："我非常欣赏你们的工作，你们昨晚把门前打扫得这么干净整洁，一点儿都没影响到我的邻居。"从那天开始，每天收工时工人都会把碎木残渣收拾好放在角落里，工头也会在每天工作后查看门前的草坪上是不是干净整洁。

陆军预备队员与教官之间争论最多的一件事要数队员们的发型问题了。预备队员认为自己也是普通公民（其实他们大部分时间里都跟普通民众一样），因此对理平头的规定甚为不满。

某军事搜救学校的军官哈雷·恺撒在训练一群预备士官时就遇到了这个问题。哈雷是一个老资格的常规军军官，那些士兵本以为他会冲着他们大喊大叫，威胁他们，但他并没有这样做，而是选择了间接的方式来表达自己的想法。

"先生们，"他开始说，"你们都是领导者，如果能以身作则，你们就会成为工作效率最高的领导者。你们必须为自己的手下树立榜样，你们也都知道部队对士兵的发型有怎样的要求。尽管我的头发比你们中间某些人的头发短很多，但我今天仍旧会去理发。你们自己照照镜子，如果觉得自己想做个好榜样的话，我会安排时间带你们去理发店的。"

这番话的结果显而易见。那天下午，有好几名士兵真的照了镜子，然后去理发店剪了“标准”发型。第二天早上，恺撒军官对这些预备士官说他已经在小队中的一些人身上看到了领导潜质。

1887 年 3 月 8 日，演说家亨利 · 沃德 · 比彻过世了。接下来的那个周日，莱曼 · 艾伯特受邀站在比彻曾经演讲过的讲台上讲话。为了能做到最好，他一遍遍修改自己的讲稿，力求完美无缺。然后，他把讲稿读给妻子听。就像很多事先准备的演讲一样，他的演讲并不尽如人意。如果他的妻子判断力稍弱，就会说：“莱曼，这太糟糕了，这样不行，你会把听众讲睡着的。这篇东西读起来像天书一样，看在老天的面子上，为什么不写得通俗易懂一点呢？为什么不表现得自然一点呢？如果你上台讲这个东西的话，会让自己蒙羞的。”

她本来是有可能说出上述那番话的。如果她真的这样说了，你也知道会带来什么后果吧。她也知道。所以，她只是说这篇文章如果放在《北美评论》上会是篇好文章。换句话讲，她在赞扬的同时也隐晦地指出了这篇文章缺乏演讲稿的特色。莱曼 · 艾伯特听出了妻子的话外之音，他撕碎了这篇准备良久的佳作，作了一次彻底的即兴演讲，连提示点都没准备。

因此，改正他人错误的最有效方式就是——

• 原则 2：

聪明地指出他人的错误。

永远先谈自己的错误

我的侄女约瑟芬 · 卡内基到伦敦来做我的秘书。那时她 19 岁，已经高中毕业 3 年了，基本没有什么工作经验。如今她已经是苏伊士西部业务最精通的秘书之一。但她刚开始工作的时候，取得一点进步都很困难。一天，我正要批评她，这时候我对自己说："一分钟，戴尔 · 卡内基，就等一分钟。你比约瑟芬大一轮，你的工作经验是她的 1 000 倍，你怎么能指望她像你一样看问题呢？还有，戴尔，你 19 岁的时候在干什么？还记得那时候你闯下的蠢祸吗？还记得那次……还有那次……"

在想过这些之后，我诚挚地而公正地对约瑟芬 19 岁时的平均成功率作出了评价——她的成功率比我高。而且我必须非常羞愧地承认，自己并没有给予约瑟芬多少赞扬。

于是自此之后，每当我想让约瑟芬注意自己错误的时候就会这样说："你犯了个错误，约瑟芬，但天知道，这个错误比起我当年犯的那些错误真算不得什么。你也不是生来就会干这个的，这需要经验。我当年干过很多愚蠢的傻事，现在回想起来羞愧极了。想想看，你不觉得如果这样做的话效果会更好吗？"

如果批评者能承认自己也并不完美，那么听他历数自己的错误也不是什么难事了。

来自加拿大的蒂尔斯通与他的新秘书之间曾经出现过矛盾。据他口述、秘书记录的信件在交付他签名的时候，每一页竟然都还能找出两三处拼写错误来。蒂尔斯通先生告诉我们他是这样处理这个问题的：

> 与很多工程师一样，我的英语表达和拼写也不是很好。多年来我一直有个法宝——那就是用单词本记录我容易拼错的单词。从当时的情形来看，直接指出我那位秘书的错误很明显并不能让她更加用心校对。于是我决定换种方法。下一次我再注意到她的文稿中有错误时，就坐下来对她说：

“有些时候这个词不容易写对，我也经常写错这个词。所以我准备了这样一个单词拼写本。（我把本子拿出来，翻到了有这个词的那页。）啊，它在这儿。我现在对自己的拼写十分注意，因为人们真的会按字识人，如果你的拼写不过关的话，人们会认为你不够专业。”

我不知道她是不是照搬了我的做法，但从那次之后她的拼写错误的确大大减少了。

伯恩哈德 · 冯 · 比洛早在1909年就了解到这条原则的必要性。当时冯 · 比洛是德意志帝国的总理，当时在位的德国皇帝是威廉二世，其高傲自大，是德意志帝国的末代独裁者，曾建设了一支陆军和一支海军，并吹嘘这两支军队所向无敌。

之后发生了一件令人瞠目结舌的事。这位德国皇帝说了一些令人难以置信的话，这些话不仅在欧洲大陆引起了轩然大波，更在世界各地燃起了战火烽烟。更糟糕的是，这位独裁的皇帝竟然公开做了许多场愚蠢自大、荒唐至极的声明。他还授权《每日电讯报》刊登了演讲稿原文。在演讲中，他说自己是唯一一个对英国有好感的德国人，正在组建一支海军应对日本的威胁，他将凭一己之力挽救英国于俄国和法国的战火硝烟之中，而且英国罗伯茨勋爵能够在南非打败布尔人多亏了他的计划，等等。

一百年来，从没有哪一个和平年代的欧洲君主会说出这样的话来。整个欧洲大陆如同被捅了的马蜂窝一样议论纷纷。英国人怒气冲天，而德意志帝国的发言人则胆战心惊。这时，处于这个风暴中心的德皇也害怕了，想让当时的总理冯 · 比洛来承担责任。是的，他想让冯 · 比洛宣布是他唆使他的君主发表这些令人匪夷所思的言论的。

“但是陛下，”冯 · 比洛为自己辩护，“我和所有人一样，不可能会建议陛下您说出这些话的。”

话一出口，他就意识到自己犯了个大错误。威廉二世暴跳如雷。

“你认为我是个愚蠢的畜生吗，只会犯那些你不会犯的错误。”

冯·比洛知道他应该先赞扬皇帝几句，然后再批评他。不过，既然为时已晚，他采取了以下的做法——批评之后再赞扬，这也十分奏效。

“我绝没有这个意思，”他恭敬地答道，“陛下在很多方面都比我强，不仅在海陆战争方面，在自然科学方面也颇有建树。我总是带着敬仰之情听陛下您解释气压计、无线电报和伦琴射线的工作原理。我对自己在自然科学领域的无知感到羞愧，我甚至连最简单的自然现象都解释不了。但是，”冯·比洛继续说道，“尺有所短，寸有所长。我对历史知识、政治知识以及外交手段也算有所了解。”

威廉二世听冯·比洛的奉承话听得喜笑颜开。冯·比洛抬高了他，放低了自己。就为这点，威廉二世就能原谅他之前的所有过错。他热情地说：“我难道没告诉过你我们在一起一定可以做出一番大事业吗？我们应该互相扶持，我们一定要这样做！”

随后，他非常兴奋地紧握双拳宣布：“谁要是敢在我面前说冯·比洛先生一句坏话，我一定会把他的鼻子揍扁。”

虽然冯·比洛及时挽救了自己，但像他那样老练的外交家，也犯了这样的错误：他应该在批评之前，先对威廉二世的功勋大大地赞扬一番，而不是说威廉二世是个要人提醒的弱智。

几句贬低自己抬高他人的话就可以把高傲自大的威廉二世变成一个忠诚的朋友，可想而知，在日常生活中谦卑的赞美会为我们带来多大的好处。只要运用得当，它们就会在你的人际关系中创造奇迹。

承认自己的错误，甚至都不必纠正这些错误，就会使他人确信你已经改过自新。来自马里兰州的克拉伦斯·泽豪森在处理他儿子的抽烟问题时采取的做法就是个很好的例子。

“我自然不希望大卫吸烟，”泽豪森先生告诉我们，“但是他妈妈和我都吸烟，我们没给他做好榜样。我和他解释我是如何在他这个年纪开始吸烟，这些年尼古丁又是怎么让我慢慢上瘾，到最后要戒掉基本不可能了。我提醒他我咳嗽得多么剧烈，几年前他又是怎么劝我戒烟的。

“我并没有劝他戒烟，也没有威胁他或是警告他香烟会给他带来的危险。我所做的就只是指出我是怎么样迷上香烟的，而吸烟对我来说又意味着什么。

“他想了想，然后决定在高中毕业之前都不会吸烟了。几年过去了，大卫一直没有吸烟，甚至连吸烟的念头都没有动过。而这次谈话也让我自己坚定了戒烟的决心。在全家人的帮助下，我成功地戒了烟。”

出色的领导者都会遵守这个原则：

• 原则 3：

批评他人之前先谈自己的错误。

切勿直接下达命令

有段时间我很喜欢和艾达 · 塔贝尔小姐一起吃饭，她是美国传记作家学院的院长。当我告诉她我在写本书的时候，她便开始与我讨论与人相处这门包罗万象的学问。她告诉我，她在写欧文 · 扬传记的时候，采访过一个与扬先生在同一间办公室工作过 3 年的先生。这位先生称，这么多年来，他从没听过欧文 · 扬给谁下过直接的命令。他总是用一种建议的语气说话，而不是命令。比如，欧文 · 扬从没说过“你去做什么做什么”，或者是“别做这个别做那个”。他总是说，“你可以这样看这件事情”或是“你认为这样行吗”。在浏览某个助手的信件的时候，他可能会说：“如果我们这样措辞会不会更好些？”他总是给人独立完成某件事情的机会，从不告诉他的助手怎样完成工作，只是让他们自己做，让他们从自己的错误中学到东西。

这样的技巧使人们更容易改正自己的错误，保留自己的尊严。这样的技巧能鼓励团队合作，增加凝聚力。

一个傲慢的命令所引起的憎恶可能会持续很长时间，即使这样的命令是为了改变当时的困境。丹 · 桑塔雷利是一位来自宾夕法尼亚州的职业学校教师。他曾经讲过这样一件事。有一次他的一个学生停车时没有注意，挡住了学校商店的入口。于是一位教师冲进教室怒气冲冲地问：“挡在路上的车是谁的？”当这个学生回答他的时候，这位老师尖叫道：“把车开走，快点，不然我就叫辆拖车把它拖走！”

尽管那个学生错了，的确不应该把车停在那里。但从那天开始，不仅那个学生讨厌这位老师，班上所有的学生都竭尽所能地跟这个老师调皮捣蛋，他的工作开展起来十分困难。

怎样才能取得不同的效果呢？如果他友善地问：“谁的车停在路上了？”然后建议他把车开走，这样其他车辆才能正常通行，那么这个学生一定会很乐意将车开走，而无论是他自己还是他的同学都不会像现在这样愤恨不满。

询问不仅仅会使你的命令听起来没那么刺耳，也常常会激发起被问人的创造力。如果能够参与决策的过程，人们将更容易接受这个命令。

来自南非约翰内斯堡的伊安 · 麦克唐纳是一家小型精密仪器零件加工厂的总经理。他曾经得到一个拿下一份大订单的机会，但是他清楚地知道自己无法在承诺的期限内交货。工厂的日程已经排满了，这份订单又很急，看起来要接下这份订单似乎是不可能的。

但是，他并没有催促工人们加快进度，把这份订单硬挤进去。他把所有人都叫到一起，对他们解释了现在的状况，告诉他们如果他们能按时完成这份订单的话，将会给公司带来很大的利益，也会给他们带来更多收入。然后，他开始问那些工人：

“我们要怎么做才能接下这份订单呢？”

“在场的各位有没有更好的方法能让我们拿下这份订单并且顺利完成这项生产任务呢？”

“我们是不是还可以在时间或是人事安排上作些调整呢？”

工人们想出了很多办法，坚持要他接下订单，他们以“我们能做到”这样的信念开始了工作。最终，麦克唐纳接下了这份订单，顺利加工完毕，按时交了货。

有能力的领导者都会采用这样的方式。

• 原则 4：

提出问题而不是直接下达命令。

给别人留足面子

几年前，通用电气公司面临着一个棘手的任务，即把查尔斯·斯坦因梅茨从一个部门的领导位置上换下来。斯坦因梅茨是电学领域里的专业天才，却无法胜任会计部门的领导工作。然而，公司也不敢冒犯这位先生。他对公司来讲不可或缺，但为人又极其敏感。

所以，公司给了他一个新头衔——通用电气公司顾问工程师。他还干他的老本行，而会计部门的工作则让别人接手。

斯坦因梅茨很开心。

公司领导也很开心。他们对这位最喜怒无常的元老进行了巧妙的调动，而且没有引起什么风波，因为他们给斯坦因梅茨留足了面子。

给别人留个面子！这一点实在是太重要了！而我们中又有几个人想到了这一点呢?!我们盛气凌人地践踏他人的感情，我行我素，吹毛求疵，大加威胁；我们在人前批评自己的员工、自己的孩子，压根儿没想过这样做是不是会伤害他们的自尊。然而，只需冷静几分钟，只需几句温柔的话语，只需认真体会一下他人的想法，便会大大减轻他们内心的痛楚。

下次再遇到不得不批评、责备或是解雇某个员工的情况时，一定要记住这一点。

“解雇别人的心情不大好受，那被解雇的人就更不好受了。”这句话引自一位注册会计师马歇尔·格兰杰写给我的信。

> 我们的生意都是季节性的，所以，在计算所得税的高峰期过去之后，我们总会解雇一部分员工。
>
> 我们这行里流传着这么一句话：长痛不如短痛。所以，解决这种事情的惯常做法就是越快越好。通常我们都会说：“请坐，史密斯先生。这季度的活儿干完了，我们再没有什么活儿要麻烦您了。当然了，您只是在旺季受我们临时雇用而已，这一点您是知道的。”诸如此类的话。
>
> 这种做法带来的后果就是带给这些人的极度失望和一种被抛弃了的感觉。他们当中的很多人都是以做会计为生的，自然对如此轻易就解雇他们的公司没有好感。

最近我决定让我们公司的季节性裁员举措更具策略性和人情味。所以，我仔细回顾了每位员工的冬季工作表现，然后把他们一个一个叫进办公室来。我说了这样一番话："史密斯先生，你在工作上表现很好。那次我们派你去纽马克出差，你那次的任务真是很艰巨，但你二话没说就去了那里，并且非常圆满地完成了任务。我想让你知道公司一直都以你为傲。你具备了很高的职业素质，所以无论你在哪里工作都会前程似锦的。公司相信你，也会全力支持你，我们希望你永远记住这一点。"

其效果如何？被解雇的员工觉得接受这个事实容易多了，他们不再有那种被抛弃的感觉了。他们知道如果我们能为他们提供活计的话，就一定会留下他们的。如果我们下次还需要他们，他们在私人情感上也会倾向到我们这里来工作。

在我们的一期培训课上，两位学员就吹毛求疵的坏处和给人留面子的好处展开了讨论。

来自宾夕法尼亚州的弗雷德·克拉克为我们讲述了一个发生在他公司里的小故事："在一次生产会议上，一位副总裁对我们的检查员百般刁难。他的语气充满了挑衅，对检查员的表现也挑三拣四。"因为不想在同事面前出丑，这位检查员百般推卸责任。这让那位副总裁火冒三丈，大声斥责这位检查员，说他谎话连篇。

"这次会面之前建立起的所有同事情分在几分钟之内土崩瓦解。这位检查员本是个很好的员工，但从那一刻开始他对公司再无价值可言。几个月后他离开了公司，去了竞争对手那里工作。据我所知，现在他干得很好。"

另一位学员安娜·马佐尼讲述了她在工作中遇到的类似情形，但处理方法和结果都与上例截然不同。马佐尼女士在一家食品包装机公司做市场专员，她的工作是为新产品做试销。她对全班同学讲道："有一次，当试销结果出来的时候，我极度沮丧。我的计划存在一个严重的错误，因此所有试销步骤都得重新设计。更糟糕的是，在我向全公司的人汇报这个项目计划之前，我已经没时间再和老板商量了。

"轮到我作报告的时候，我害怕极了，身体不停地发抖。我极力稳住自己的情绪，不让自己晕过去。我也暗暗告诉自己绝不可以哭，绝不可以让那些男人认为我们女人过于感情用事，根本不能担任管理工作。我十分简洁地阐述完了我的报告，并且表示由于我之前所犯的一个严重错误，在下次开会的时候我会重新提交一份报告。讲完之后我坐下了，等着老板大发雷霆。

"出乎我的意料，老板不仅没骂我，还感谢我为此付出的努力。他说在新项目上犯错误是很正常的，他相信我下次的报告一定会精准完美。在全体同事面前，他表达了对我能力的信任。我知道自己已经尽力了，之所以失败是因为缺少经验，并不是能力不够。

"我离开会议室的时候，头扬得高高的，下定决心一定不让老板失望。"

即使我们是对的、别人肯定错了，但如果让他人丢尽面子的话也只会令我们自毁形象。法国传奇航空先驱、作家安东尼·德·圣埃克絮佩里曾经写道："我没有权利去说或者去做任何事情来贬损一个人眼中的自我形象。我对他的看法并不重要，重要的是他对自己的看法。伤害他人的尊严即为犯罪。"

真正的领导者都会遵循这个原则。

• 原则 5：

给别人留足面子。

绝不吝惜溢美之词

皮特·巴洛是我的一个老朋友。他热爱杂耍，一生都跟着马戏团东奔西跑，到各地演出。我喜欢看皮特为演出训练那些新来的小狗。我注意到每当一只小狗有一点点进步的时候，皮特都会拍拍它，给它肉吃，做一个它“棒极了”的手势。

这一招没什么新奇的。几百年来每个动物驯养员都使用同样的手势。

令我不解的是，为什么我们在试图改变他人的时候不尝试一下同样的方法呢？为什么我们不把鞭子换成肉呢？为什么我们不能赞扬他人却非要批评谴责呢？让我们赞扬别人吧，哪怕他们只是取得了最微小的进步也无妨，这种赞扬会激励他们奋斗不止，不断进步。

心理学家杰斯·莱尔在《宝贝，我拥有的不多，但我会给你我的全部》中写道：“赞扬就像阳光一样温暖人心。没有它我们就无法生长、开花。然而，我们中的很多人总是给予别人批评的寒风，却不愿意给别人一些赞赏的温暖阳光。”

回顾自己的生活，我可以看到区区几句赞扬之词就为我的整个未来带来了重大的转机。难道你的生活不是这样吗？漫漫历史长河中，因赞扬他人而获得意外效果的著名事例不胜枚举。

例如，多年前一个10岁的男孩在那不勒斯的一家工厂做工。他渴望成为一名歌手，但他的启蒙老师打击了他。“你根本不会唱歌，”老师说，“你的嗓音一点都不好，听起来就像拉风箱一样。”

但他的母亲——一个贫穷的农妇——揽着他的肩赞扬了他，告诉他她知道自己的儿子能唱歌，她已经看到了他的进步，她甚至把买鞋的钱都省下来让儿子去上音乐课。母亲的鼓励和赞扬改变了这个男孩的一生。这个孩子就是恩里科 · 卡鲁索，后来成了那个时代最伟大的歌剧演员。

19 世纪早期，伦敦的一位少年想成为一个作家。但事与愿违，他接受学校教育的时间总共不过 4 年，他的父亲也因还不起债而入狱，这个孩子只得经常忍饥挨饿。后来，他在一家鼠满为患的仓库里找了个给涂料瓶子贴标签的工作，晚上就和两个贫民窟的孩子一起睡在简陋的阁楼里。因为对自己的写作水平特别没有信心，当处女作完成的时候，他不得不在深夜里偷偷溜出来把手稿寄走，这样就没人笑话他了。他的投稿一次又一次被毙掉。他一个先令的稿费都没拿到，但有一位编辑称赞了他。能得到一位编辑的认可，这让他激动万分。终于有一天，他的作品真的发表了。

发表这篇作品所获得的赞扬和认可改变了他的整个生活，因为要不是这次鼓励，他可能就一辈子在那个鼠满为患的仓库里工作了。你可能听说过这个男孩，他就是查尔斯 · 狄更斯。

还有个伦敦男孩在一家纺织品商店里工作以维持生计。他每天早上 5 点钟就得起床，打扫店面，一天还要拼命工作 14 个小时。这里的工作特别辛苦，两年之后他实在忍受不了。一天早上起床之后，他连早饭都没吃，走了 15 英里去找他做管家的妈妈诉苦。

他几乎精神错乱了。他祈求他的妈妈，抽泣着。他发誓说如果继续在那家店工作下去的话，他一定会自杀的。然后，他给他的老校长写了封言辞恳切的长信，说他已经绝望透顶，失去了活下去的希望。他的老校长夸了他几句，说他真的很聪明，未来能胜任更好的工作，还给他提供了一份教书的工作。

这句称赞改变了这个孩子的一生，也给英国文学史造成了持久的影响。后来他笔耕不辍地写出了不计其数的畅销书，总价值超过百万美元。你可能听说过他，他就是赫伯特 · 乔治 · 威尔斯。

“用赞扬代替批评”是伯尔赫斯 · 弗雷德里克 · 斯金纳教学生涯中的基本理念。这位当代伟大的心理学家用动物及人类实验分别证明了当弱化批评而强调赞扬的时候，人类的美好品行就会得到强化，卑劣行径则会因为缺乏关注而渐渐消失。

来自北卡罗来纳州的约翰 · 金格斯洛夫在处理与孩子的关系时就应用了这一原则。在很多家庭里，父母与儿女主要的交流方式就是对他们大喊大叫。而通常情况下，孩子们在父母发过脾气之后并不会变得更好。

金格斯洛夫先生决定用他在课上学到的一些原则来解决这个问题。他在课上说：“我们决定不再揪住孩子们的错误不放，而是试着表扬他们。这样做并不容易，因为我们看到的都是他们的错误，很难找到什么值得表扬的事情。经过努力，我们终于发现了一些值得赞扬的事情。就在受到表扬的一两天之内，他们身上几个恼人的小毛病就无影无踪了。然后，其他一些毛病也随之消失了。他们开始特别在意我们给予他们的表扬，甚至还小心翼翼地尽量做对所有事情。我和妻子都不敢相信自己的眼睛了。当然我们并不总是表扬他们，但在一切走上正轨之后，他们的举止也规矩多了。我们再也不用像以前那样发脾气大喊大叫，孩子们也比以前更懂事、更听话了。这些成果都是对他们最细小的进步大加称赞换来的，如果对他们所犯的每个错误都横加指责，结果绝不会如此。”

这个原则在工作中也同样适用。来自加利福尼亚州的基思 · 洛普就把这个原则应用于处理公司的问题上。一位新来的印刷工，在适应工作方面有些问题。这位新员工的上司有些沮丧，认为他态度消极，正在严肃地考虑是否应该解雇这名员工。

洛普先生听说这种情况之后，亲自来到这家印刷店，和这个年轻人聊了起来。洛普先生告诉年轻人，他对自己刚刚收到的那份印制文件很满意，并指出该文件是一段时间以来他所见到的该店印刷质量最棒的文件。他还明确指出了这份印刷品的突出之处，指明这位年轻人对公司的贡献有多么重要。

你认为这是否会改变这个年轻的印刷工对公司的看法呢？几天之内事态就发生了很大转变。这个年轻人对好几个同事讲述了这段对话，他不敢相信在公司里竟然有人如此欣赏他的卖力工作。从那时起，他成为了一个忠诚尽职的员工。

洛普先生所做的并不只是奉承这位年轻的印刷工几句，说“你干得不错”。他具体指出了这位员工的工作好在哪里。正因为洛普先生指出了对方的具体成就，而不仅是泛泛地对其进行褒扬，因此对被赞扬者来说就变得更有意义。每个人都愿意受到赞扬，但当赞扬变得具体化时就变得更真诚，这些赞美并不是别人随便说说来安慰你的。

要记住，我们都渴望赞美和认可，为了得到他人的赞美和认可，我们可以付出一切。但没人想要虚情假意，没人想听奉承之言。

我再重复一遍：只有当你对他人真心实意时，书中所讲的原则才会发挥它们应有的功用。我并不是在推销一口袋戏法，我在讲述一种新的生活方式。

至于改变他人，如果你我能启发身边之人发现自己的潜在品质，我们就不仅仅是改变了他们，而是在实实在在地改造他们了。

听起来有些夸张是吗？那么听听有史以来美国最伟大的心理学家、哲学家威廉·詹姆斯留给我们的箴言吧：

> 与我们本应达到的状态相比，我们一直处于半梦半醒之间，只利用了体力脑力的一小部分。更坦白地说，人类个体因此生活在许多自身的限制之中，拥有许多能力而不自知，习惯了将其置于一旁而不用。

是的，正在读这本书的你们都具备很多能力，只不过你们习惯了不去使用而已；而其中一项你们很可能未尽其用的能力就是赞扬他人，激励他人发现自身的潜在能力。

能力之花在批评中枯萎，在鼓励中绽放。想要成为一个更有力的领导者，请你运用下面这条原则吧。

• 原则 6：

赞赏他人最微小的进步，赞赏他人的每一点进步。

做到“衷心地称赞他人，绝不吝惜溢美之词”。

肯定对方的价值

如果一个曾经表现很好的员工开始消极怠工，你该怎么办？你可以解雇他，但这样做不能解决任何问题；你也可以严厉地责备他，但这通常会使他心存怨恨。亨利 · 亨克在印第安纳州洛厄尔的一家大型卡车经销店里做经理，他手下的一名机械师原来工作十分尽职尽责，但现在的工作成绩则差强人意。亨克先生并没有责骂或是威胁他，而是把他叫进办公室和他进行了一番推心置腹的交谈。

“比尔，”他说，“你是个很出色的机械师。你已经在这个岗位上工作好多年了，手艺好，很受消费者的青睐。实际上你的工作业绩还是很出色的，但近来你的单笔修理完成时间有所增加，工作质量也没达到你以往对自己的要求。我对你现在的表现不是很满意，让我们一起努力找到解决方法吧。”

比尔回答说他并没意识到自己最近工作不够努力，同时保证自己的专业技能足以满足客户的要求，而且将来一定会继续提高自己的技能水平。

那他是不是说到做到了呢？是的，他的确做到了。他又一次成为店里维修速度快、质量好的机械师。亨克先生对他有那么高的评价，他怎能不像从前一样努力工作呢？

时任鲍尔温机车工厂总裁的萨缪尔森 · 华艾曾说过："如果别人尊重你，你也对他的某方面能力表现出尊重的话，那么一般人都会很容易接受你的意见。"

简而言之，如果你想让某人在某个方面有所提高，就要表现出你认可他在那个方面已经具有很突出的品质。莎士比亚曾经说过："如果你不具有某种品质的话，就假装你有好了。"假定他人已经拥有你希望他们养成的某种品质，同时公开宣称他具有这种品质，这似乎是个不错的做法。给他人一个很好的名声，他们就会为之而努力，不会让你失望。

乔吉特 · 勒布朗在其作品《纪念我与梅特林克的生活》中描述了一个出身卑微的比利时灰姑娘华丽转身的故事。

她写道："隔壁宾馆的一位女服务生送来了我点的餐。她被人称为'洗碗工玛丽'，因为她最开始是帮厨的。她长得不怎么好看，斗鸡眼、罗圈腿、瘦削且萎靡不振。

"有一天，在她送来我点的通心粉的时候，我直截了当地对她说：'玛丽，你根本不知道自己身上有多少可贵的东西。'

"由于习惯了控制自己的感情，玛丽在那里愣了半晌，一动也不敢动，生怕自己闯了什么祸。然后她把盘子放在桌子上，叹着气坦诚地说：'夫人，我从不相信自己身上有什么可贵的东西。'她并没怀疑我的话，也没提出什么问题。她只是回到了厨房，对大家重复了我刚才的话。没人开她的玩笑，这就是信任的力量。从那天开始，人们给了她更多的关注。但是曾经自惭形秽的玛丽身上却发生了神奇的改变——她相信在她的身上一定有看不见的神奇力量。于是，她开始仔细地保养脸部和身体，仿佛逝去的青春在她的身体里重新绽放，恰到好处地掩盖了她的平凡之处。

“两个月过后，她与主厨的侄子订婚了。她说：‘我就要成为一个淑女了。’她对我表示万分的感激，因为我的一句话改变了她整个人生。”

乔吉特 · 勒布朗给了“洗碗工玛丽”一个好好活着的理由，这个理由改变了她。

来自佛罗里达州德通纳海滩的比尔 · 帕克是食品公司的一名销售人员。公司将要引进新生产线了，他非常高兴，但当一家大型独立食品市场的经理拒绝了他推销的产品时，他感到沮丧异常。比尔思考了一整天，终于决定在回家之前再去那家商店试一试。

他说：“杰克，今早离开后，我意识到我没为你介绍清楚这条新生产线的全貌。如果你能再给我点时间让我讲讲早上忽略掉的那几点，我将感激不尽。你愿意坐在这里听我讲，我很感激，也会尊重你的最终决定。”

杰克会给他第二次机会吗？当然会，杰克给了他很高的评价。

一天早上，来自爱尔兰都柏林的牙医马丁 · 菲茨赫非常震惊，因为他的一个病人指出漱口杯的杯座不是很干净。实际上，病人们都是用纸杯漱口的，并不用那个金属的杯座，但诊所里出现了生锈的仪器的确令其专业性大打折扣。

这位病人离开后，菲茨赫医生回到他的私人办公室，给保洁员布里吉特写了个便条。他写道：

亲爱的布里吉特：

我很少能看见你，不过我得谢谢你，因为你的工作做得很好。对了，顺便提一句，每次两个小时的时间想把办公室都打扫完确实有些紧张，如果有什么需要隔一段时间才清洁一次的东西，比如擦亮那些漱口杯座之类的活儿，还请您偶尔再多做半个小时。当然，我会额外付您这半小时工资的。

“第二天当我走进办公室的时候，”菲茨赫医生说，“我的办公桌擦得像镜子那么亮，椅子也光滑得让我差点滑下来。走进诊室的时候，我看到了最闪亮最干净的杯座！正因为我给了这位保洁员很高的评价，她这次工作的质量才超过了以往。那她究竟额外多干了多长时间才能达到这样的效果呢？其实一点额外的时间都没花。”

一句古谚说得好：“给一个人加一个坏名声无异于将其逼上绝路（人言可畏）。”但如果你给他一个好名声会怎样呢？

露丝 · 霍普金斯太太是纽约的一名教师，教四年级。当她开学看到班级名册时，心就凉了半截——著名的“捣蛋鬼”汤米的名字赫然在列。三年级教他的老师没少对其他同事抱怨汤米。汤米调皮捣蛋，而且似乎越长大越糟糕。他唯一一个可取之处就是他快速学习的能力越来越强，能很轻松地掌握在校学习的知识。

霍普金斯太太决定马上着手解决这个“问题汤米”。在欢迎新同学的时候，她对每个同学都作了点评价，“萝丝，你的裙子真漂亮”，“艾丽西娅，我听说你舞跳得很好”。当轮到汤米的时候，她看着他的眼睛说：“汤米，我知道你是个天生的领导者。以后我就靠你来帮我把咱们班建设成为四年级最好的班级了。”接下来的几天里她一直在强调这一点，赞赏汤米做的每件事，说他如何表现出自己是个好学生。听到老师这样的评价，就算是个 9 岁的孩子也不能让他的老师失望，而汤米的确没让霍普金斯太太失望。

如果你想在困难重重的领导之位上做出成绩，改变他人的态度或行为，就请你遵守这个原则吧。

• 原则 7：

先肯定对方的价值，这样他便不会辜负你的期望。

学会鼓励他人

我有一个朋友，他的未婚妻劝他去学学跳舞。他给我讲了这件事，他说："天知道我是不是需要学跳舞，因为我 20 年前就是这样跳舞的，现在还是。第一个老师可能说的是对的，因为她说我舞步杂乱，我得忘了以前学过的动作，然后从头学起。但是这几句话让我丧失了信心，我没信心继续下去了。所以我不去她那里学了。

"第二个老师可能在说谎，但我很喜欢听她说话。她轻描淡写地说我的舞步可能有点过时，但基本步伐是对的。她还保证我在学习新舞步方面一点问题都不会有。第一个老师总是指出我的错误之处，让我很沮丧；而这位老师做的正好相反，她总是表扬我做得对的地方，淡化我的错误。'你天生就有韵律感，'她这样说，'你真是个天生的舞者。'在我内心深处，我仍旧愿意相信她当时也许真是发自内心地说了那番话。当然她是因为我付她学费才这么说的，但那又有什么关系呢。

"无论如何，要不是她告诉我我天生就有韵律感，我绝不会像现在跳得这样好。这句话激励了我，给了我希望。这句话让我想要变得更好。"

如果你告诉你的孩子、你的爱人或者你的员工他在某件事情上又蠢又笨、没有天赋，告诉他这件事做得完全不对，那你就会毁掉他想要进步的信心。但若采用相反的技巧，即慷慨地鼓励他，让这件事情看起来可以轻松完成，让他人知道你相信他具备这样的能力，那么他的潜在天赋就会被调动起来，他会不断努力，一直到自己出类拔萃为止。

人际关系大师劳维尔·托马斯就使用过这个技巧。他懂得如何给你信心，以勇气和信任激励你前行。我曾和托马斯先生和太太一起共度周末，他们邀请我在篝火前玩桥牌。桥牌？我可不玩，我一点都不会。这个游戏对我来说就是个谜团，让我玩桥牌简直不可能！

劳维尔说："戴尔，为什么不玩？这个游戏一点诀窍都没有，除了记忆力和判断力之外，打桥牌什么都不需要。你曾写过关于记忆的文章，桥牌对你来说太简单了，简直就是小菜一碟！"

当我反应过来时，我发现自己有生以来第一次坐在桥牌桌前面了，而这完全是因为别人说我对桥牌有天赋，而且这个游戏也很简单。

提起桥牌，我又想起了埃利·克勒森，他写的关于桥牌的书被译成几十种文字，在全球卖出了几百万册。然而他告诉我，要不是有个年轻的姑娘说他对桥牌有天赋，他绝不会把打桥牌作为自己的职业。

1922 年他来到美国的时候，曾经努力想找一份教授哲学和社会学的工作，却没能找到。此后，他卖过煤，后来又卖过咖啡，但都以失败告终。

他以前玩过桥牌，但从未想过要教别人打桥牌。他不仅是个不名一文的桥牌玩家，也是个难缠的牌手。他玩牌的时候总会问许许多多的问题，牌局结束后又继续刨根问底，所以没人愿意和他一起玩。

后来他遇到了一个漂亮的桥牌老师约瑟芬·狄隆——后来他们

恋爱结婚了。她注意到他在分析牌的时候十分细心，于是夸赞他在牌桌上是个天才。克勒森告诉我就是这句话鼓励了他，也正是这句话促使他把桥牌当成了自己的职业。

克拉伦斯 · 琼斯是俄亥俄州的一名课程教师，他告诉我们鼓励和淡化错误是怎样轻松而彻底地改变了他儿子的生活的。

“我儿子大卫 15 岁时来到辛辛那提和我一起生活。3 岁那年，他的头部在一场车祸中受伤，前额上留下了一条很长的伤疤。15 岁之前，他上的都是专为学习迟缓的学生设立的特殊课程班。学校领导很可能是根据他前额的伤疤判断他的大脑有缺陷，无法达到正常的智力水平。他当时只上到七年级，不会背乘法表，还在掰着手指做算术题，也几乎不具备读写能力。

“令人欣慰的是他喜欢研究收音机和电视机。他想做一个电视技术员。我对他的想法表示肯定，并指出他必须好好学习数学。我们做了 4 套闪光抽认卡片，加减乘除各一套。每当他算对的时候，特别是当他算对了以前算错的题目时，我都会好好奖励他。

“他的数学成绩在不断的练习下也有了很大的飞跃。学会了乘法之后，数学就变得异常简单。他很惊喜地发现自己的数学成绩居然得了B，这是之前从来没有过的。其他改变也难以置信地随之而来：他的阅读能力快速提升，在绘画方面也很有天分。这个学年的后期，他的科学老师给他布置了一项任务，要他选择用一系列复杂的模型来展示杠杆的不同作用。这不仅需要绘画和制作模型的技巧，还需要应用数学的知识。这次展览在他们学校的科技博览会上赢得了第一名，还在整个辛辛那提市取得了第三名的好成绩。

“他做到了。这就是那个被认为‘大脑有缺陷’的孩子，他现在被同学们称为科学怪人‘弗兰肯斯坦’。其结果是什么呢？之后，他一直名列前茅，高中时他还被选为国家荣誉协会会员。一旦发现学习是件很轻松的事情，他的一生就为之改变了。”

如果你想帮助他人进步，要记住这一点。

• 原则 8：

学会鼓励他人，帮助他人拓展自己。

让他人乐于按照你的建议行事

1915 年，美国大地处于一片恐怖之中。一年多时间里，欧洲人以前所未有的血腥手段一次又一次洗劫美洲大地。这片大地上能重现和平吗？没人知道答案，但美国第 28 任总统伍德罗 · 威尔逊决定试一试。他准备派一个私人代表，一位和平使者，与欧洲的军阀们谈判。

时任美国国务卿的威廉 · 詹宁斯 · 布莱恩是一位和平倡导者，他希望可以担此重任。然而，威尔逊总统却指派了另一个人——布莱恩的密友和顾问爱德华 · 豪斯上校。而豪斯面临的第一个棘手的任务就是既要把这个不甚友好的消息告诉布莱恩，还不能伤害他的感情。

“当布莱恩听到我要代替他作为和平使者去欧洲的时候，他看起来失望极了。”豪斯上校在他的日记中记录道，“他说他本想自己去的……”

“我回答说，总统先生觉得官方出面派谁去都不合适，而您的出访一定会引起多方注意，人们会好奇为什么他会去欧洲……”

你理解这句话隐含的意思了吗？豪斯实际上是告诉布莱恩，这项工作还没重要到非得他出面不可。布莱恩听了很满意。

反应敏捷、圆滑的豪斯上校遵守了人际关系中很重要的一个原则：让他人心甘情愿地做你建议他们做的事情。

在邀请威廉·吉布斯·麦卡杜加入内阁时，威尔逊总统也遵守了这个原则：这是他能授予他人的最高荣誉，而威尔逊邀请麦卡杜的时候也让麦卡杜感受到了自己的重要价值。麦卡杜自己是这样说的："总统说他正在组建内阁，如果我能加入他的内阁担任财政部长的话，他会非常高兴的。他说话的方式总让人觉得很舒服。他给我一种印象，就好像我接受这个无上的荣耀是帮了他的大忙一样。"

不只是发言人和外交家要应用这个原则，普通人也要这样做。来自印第安纳州的戴尔·费里叶对我们讲述了他是怎样鼓励自己的孩子杰夫心甘情愿做家务的。

> 杰夫的工作之一就是站在梨树下摘梨，可杰夫不喜欢做这项工作，他要么不做，要么就马马虎虎做完。我本可以和他面对面地争论这件事情，但我没有这样做。有一天我对他说："杰夫，我们来做个交易。你每摘满一篮子梨我就给你一美元。不过，在你完成任务之后，如果我在院子里还能发现漏掉的梨，我就一个扣一美元。怎么样？"正如你所料，他不仅摘光了所有的梨，我还得看着他别把树上没熟的梨子放进篮子里。

我认识一个朋友，他拒绝过许多演讲邀请，这些邀请有的来自朋友，有的是他责任范围之内的，而他都非常巧妙地拒绝了这样的邀请，但邀请人对他婉拒的理由也感到满意。他是怎么办到的呢？他先对邀请表示感谢，并对自己不能接受邀请表示遗憾，之后他建议邀请人换另一个演讲人。换句话说，他没给邀请人任何机会来对他的拒绝表示不满。他在短时间内改变了他人的想法，并建议他们找另一个能接受邀请的演讲者。

甘特·施密特在西德参加了我们的课程。他告诉我们，他的食品店里有一个雇员粗心大意，总是把架子上的食品价签放错，而这会造成混乱，顾客也总是抱怨。无论是提醒、警告，还是当面和她说这个问题，都不管用。最后，施密特先生把她叫到自己的办公室，任命她为价签管理员，管理所有架子上的价签，看它们是不是都放在了正确的位置上。新责任和新头衔完全改变了她的态度，从此以后她的工作十分令人满意。

有些孩子气吗？可能是吧，但这就是人们对拿破仑的评价。当拿破仑创造了荣誉军团勋章，把 15 000 枚十字架发给他的士兵的时候，当他授予手下 18 位将军“法国执行官”荣誉的时候，当他称自己的军队为“大军队”的时候，人们都说他有点孩子气。人们谴责他颁发给这些饱经战火的老兵的都是一些“玩具”，而拿破仑答道：“男人就是被玩具统治的。”

拿破仑用授予荣誉的办法获得了成功，这个办法也同样适用于你。例如来自纽约州的欧内斯特·肯特太太，她总是被一群践踏她草坪的孩子们困扰着。她试过批评他们和吓唬他们，可是都没用。然后她决定给这群孩子里最捣蛋的那个孩子一个封号，给他点权利——她称他为她的“小侦探”，让他负责把所有践踏草坪的孩子都赶出去。这种做法解决了她的问题。

当需要改变他人的行为或态度的时候，你应该把下面这些指南牢记于心：

- 要真诚。千万不要作出任何你无法履行的承诺。忘记你自己能获得的好处，专注于他人能得到的好处。
- 明确地知道你想让别人做什么。
- 换位思考，扪心自问别人到底需要什么。

• 考虑一下如果别人真的按照你的建议做了，他能得到什么好处。

• 将他人能从中获得的好处与其需求进行比较。

• 当你提出要求的时候，要以他人能从中获益的形式表述这个要求。

我们可以直截了当地下达命令："约翰，明天有顾客来，你们把仓库打扫一下，把存货都整齐地摆在架子上面，然后把前台擦亮点。"或者我们可以以一种约翰能从中受益的方式重新表达同样的意思："约翰，现在有个马上就能完成的工作。我明天要带几个顾客来参观我们的公司，但是我们的仓库有点乱，如果你能清理一下，把存货都堆在架子上，然后再把前台擦了，就会让我们公司看起来更有效率。这样你就为打造公司的美好形象帮了大忙了。"

约翰会高兴地接受你的建议吗？也许不会，不过一定会比你没指出他能从中获益的时候要高兴一点。如果你知道约翰对打造公司形象也很关心，那他可能会很合作。

大多数人都发现这样做的确更容易改变他人的态度，而且即便你的成功率只是提高了10%，相比从前，距离你成为一个更有能力的领导者也缩短了10%，而这就是你从中获得的好处。

当你运用这条原则的时候，人们就更有可能按照你的意愿行事。

• 原则9：

让他人乐于按照你的建议行事。

温馨小结　**每个人在工作中通常都可以改变他人的态度或行为，以下是几条建议：**

- 原则 1：用真诚的赞赏开始谈话。
- 原则 2：聪明地指出他人的错误。
- 原则 3：批评他人之前先谈自己的错误。
- 原则 4：提出问题而不是直接下达命令。
- 原则 5：给别人留足面子。
- 原则 6：赞赏他人最微小的进步，赞赏他人的每一点进步。做到“衷心地称赞他人，绝不吝惜溢美之词”。
- 原则 7：先肯定对方的价值，这样他便不会辜负你的期望。
- 原则 8：学会鼓励他人，帮助他人拓展自己。
- 原则 9：让他人乐于按照你的建议行事。

第五章

一封创造奇迹的信

HOW TO
WIN FRIENDS
AND INFLUENCE PEOPLE

我敢打赌我知道你现在在想什么。你可能在暗暗对自己说："太荒唐了！一封信怎么可能创造奇迹呢？你是在夸大其词、吸引眼球吧！"

即使你有这种想法我也不会怪你。要是我在15年前看见这么一本书，我也会有同样的感受。你觉得"创造奇迹"这一说法很可笑吗？很好，我喜欢有质疑精神的人。我在密苏里州长到20岁，我喜欢那里的人，因为他们崇尚"眼见为实"。也正是因为有了敢于怀疑、挑战以及表现自我的人，人类的思维才得以进步。

平心而论，我们的题目"一封创造奇迹的信"是否准确呢？坦白地说，这样的措辞并不准确，"创造奇迹"只是一种保守的说法。实际上，有人说我摘录的信件所取得的效果太好了，用"奇迹"二字形容都显苍白。这是谁说的呢？他就是美国最知名的促销员肯恩·戴克。戴克曾是约翰·曼维尔公司的销售经理，现在担任高露洁公司的广告部经理，同时也是美国广告商协会的主席。

戴克先生说，他曾经给众多代理商去信询问信息，但这些信件的回复率只有5%~8%。在他看来，15%的回复率已经很了不起了，若回复率能达到20%，那简直就是奇迹。

然而戴克先生的一封信却得到了42%的回复率——"奇迹"翻

倍了。请你不要对此一笑了之，这不是玩笑，不是侥幸，也不是偶然，因为另有数十封信也有类似的高回复率。

戴克先生是怎么做到的呢？他的原话是："在参加了卡内基先生的'有效演讲与人际交往艺术'课程之后，我的写信技巧有了飞速提升。我以前的沟通方法完全是错误的，现在我对书中的原则加以运用，信件的效力就增加了 500%~800%。"

这就是戴克先生创造奇迹的那封信，是一封求助信，是一封让对方感觉到自己被重视的信。我用括号注明了自己的见解。

亲爱的布兰克先生：

恳请您帮我一个小忙。

（让我们在脑海里描绘一下当时的情景吧。一名印第安纳州的木材代理商收到约翰·曼维尔公司高级主管的来信，这位高高在上的纽约主管在信的第一行中竟然求他帮一个忙。我能想象得出这名印第安纳州的代理商会自言自语道："哦，如果这位老兄遇上了麻烦，他还真是找对人了，我就是这么慷慨大方、乐于助人。让我看看他究竟遇上了什么麻烦！"）

去年，我成功说服公司相信，正因为有了报销全年通信费用的制度，代理商才能对老客户进行充分回访，而我们公司也才能因此不断刷新销量。

（印第安纳州那位代理商可能会说："通信费用确实应该报销，因为他们才是这个制度最大的受益者。他们挣的钱数以万计，而我挣的钱都不够我付房租。那么这位老兄的麻烦又是什么呢？"）

最近，我向享受本公司上述待遇的 1 600 位代理商寄出了调查问卷，非常高兴的是，我收到了几百封回信，这些信件都表达了对这种合作形式的欣赏，称他们认为这种形式最有益处。

基于此，我们又推出了新的直接通信制度，相信你会更加喜欢这种新制度。

但是今天早上总裁在与我讨论去年的通信制度时询问了这一制度的收益情况。为了回答总裁的问题，我必须求助于您。

（这句话多么动听：“为了回答总裁的问题，我必须求助于你。”这位来自纽约的大人物在坦陈自己困境的同时，表达了对代理商最真诚的认可。肯恩 · 戴克没有浪费时间强调公司有多么重要，而是直接申明“你”对公司而言很重要。肯恩 · 戴克承认，如果没有代理商的帮助，他甚至都无法向总裁作报告。这名印第安纳州的代理商也有人性的弱点，他当然喜欢听别人这样说话。）

希望您能帮我做以下两件事：

1. 在随信寄去的明信片上告诉我，去年的通信制度为您带来了多少笔交易。

2. 这些交易的总额是多少。

衷心感谢您的答复，对您的好心帮忙感激不尽。

真诚的

肯恩 · 戴克

现在，让我们来看看他在最后一段里是如何强调“您”而忽略了“我”的，其用词又是如何极尽褒扬之能事：“衷心感谢”、“您的好心帮忙”、“感激不尽”。

很简单的一封信，不是吗？它通过让人帮个小忙来给予他人“被重视”的感觉，从而创造了奇迹。

不论你是销售石棉瓦还是驾车穿越欧洲，这种平易近人的方式都能奏效。

有一次，我和霍默·克罗伊驱车穿越法国时迷了路，我们将车停靠在路旁，向当地农民打听最近的城镇怎么走。

这个问题的效果是立竿见影的。这些穿着木屐的农民认为美国人都很富有，而且汽车在这个地区极其罕见。所以你可以想象，在他们眼中，驱车穿越法国的美国人一定家财万贯！我们可能是百万富翁，说不准还是亨利·福特的亲戚呢。我们虽然比他们有钱，但还得毕恭毕敬地问他们最近的城镇怎么走，这就给了他们“被重视”的感觉，他们开始积极地指路。有位老兄甚至还命令身边的人保持安静，独自一人把握这来之不易的机会，享有这种美好的感觉呢。

不信的话你也可以试一试。下次到达一座陌生城市的时候，去问那些经济及社会地位比你低的人：“不知您是否愿意帮我一个忙？您能告诉我怎么走吗？”看看他们会作何反应。

本杰明·富兰克林也是运用了这一技巧将一个刻薄的敌人变成他一生的朋友。那时，年轻的富兰克林将所有的积蓄都投在了小型印刷厂上。在当选费城议会的书记员后，这个职位给他带来了印制官方文件的机会。印制文件能带来丰厚的利润，富兰克林对这个机会倍加珍视，可是议会中一位有权有势的富豪不仅痛恨他，还在演说中公然抨击他。

这种情况十分危险，富兰克林想改变这个人的态度，如何才能做到呢？给对方帮个忙？不，这样做会让对方怀疑他，甚至蔑视他。睿智的富兰克林不会自讨苦吃，他采用了完全相反的办法：请对方帮自己一个忙。

这个忙是向他借10美元吗？不，完全不是！这个忙是要取悦对方——满足他的虚荣心，赞誉他，巧妙地表达出自己对他的知识及成就的敬仰。故事的后半段由富兰克林亲口道出：

> 我得知他的书房里有一本特别珍贵的书，就给他写了一封信，告诉他我一直渴望阅读那本书，能否请他借我几日。
>
> 他爽快地答应了。一个星期之后，我将书归还，还写了一张字条表达我的万分感激。
>
> 后来我在议院里遇见他，他竟然史无前例地跟我攀谈起来，他的措辞十分礼貌、友善。自那以后，无论是在什么场合，他都十分乐意帮助我。就这样，我们成了至死不渝的好友。

富兰克林已经离世多年了，但是他“请人帮忙”的处世之道一直延续下来，为人们广为传诵与利用。

学员埃尔伯特·阿姆泽尔也通过这一技巧取得了非凡的成就。阿姆泽尔先生是水暖材料的销售员，他想把产品卖给布鲁克林的一名管道工。这名管道工的生意很好，信誉也不错，可刚开始阿姆泽尔就屡屡碰壁：这名管道工举止粗野、顽固不化，脾气还十分暴躁。每当阿姆泽尔推门进入办公室的时候，他总是叼着雪茄坐在桌子后面对阿姆泽尔咆哮：“我今天没有什么要买的！你快走吧！别浪费我们俩的时间了！”

有一天，阿姆泽尔采用了新的办法，终于达成了这笔交易。当时，阿姆泽尔的公司计划在长岛的皇后村开一家分店，这名管道工在皇后村做了多笔买卖，很熟悉当地的环境。所以这次阿姆泽尔先生说：“先生，我今天不是来推销东西的，我是来向你寻求帮助的。你能给我一分钟时间吗？”

“噢？”管道工掐灭了雪茄，“说吧，你想问什么？”

“我们公司计划在皇后村开一家分店，”阿姆泽尔先生说，“你对当地的了解胜过任何一个人，所以我想请教你我们公司的决定是否明智？”

这次就不同于以往了。多少年以来，这名管道工都是在咆哮和命令中获得“被重视”的感觉，而现在一名销售员竟然向他请教其公司战略规划。

“来，请坐。”他拉出椅子邀请阿姆泽尔坐下。在接下来的时间里，他详细阐述了在皇后村开辟管道市场的前景。他不仅对分店的位置表示认可，还规划好了地产、货物的购置以及分店开业的所有程序。这名管道工从中获得了极大的成就感。自那以后，他与阿姆泽尔成为了无话不谈的朋友。阿姆泽尔说：

> 当晚我离开他办公室的时候，口袋里不仅装着一大笔订单，还为我们以后的合作打好了基础。这位之前对我疾言厉色的先生现在已经成为我的高尔夫球友了。所有的改变都是因为我请他帮了一个小忙，让他获得了“被重视”的感觉。

我们再来看看肯恩 · 戴克的另外一封信，看看他是如何再次运用“请人帮忙”这一心理策略的。

几年以前，戴克先生经常为收不到商人、承包人和建筑师的回信而苦恼。

寄给建筑师和工程师的信函通常还没有1%的回复率。在他看来，2%已经不错了，3%就相当好了，10%都可以被称为奇迹了。但是下文摘录的信函却得到了50%的回复率，这相当于奇迹的5倍！其中一些回信长达两三页，写满了友好的建议以及合作的意向。

你会发现这封信在心理策略的运用以及措辞方面都与上一封信如出一辙。请仔细阅读这封信，细细品味收信人读信时的感觉，找出它能够产生5倍奇迹的原因。

亲爱的多伊先生：

能否请您帮我一个忙？

大约在一年前，我说服我们公司的领导印制一本建筑师急需的产品目录，目录中详细列出了公司所有的建筑材料及其用途。

我随信为您奉上这本小册子的第一版。可是现在这份产品目录已所剩不多，于是我向总裁建议再版。跟许多总裁的做法一样，我们公司的总裁并不反对我的提议，但前提是我要证明这份目录的确发挥了其应有的作用。

所以我必须求助于您，请您与全国其他49位建筑师一起评价一下这本书。

为了方便您评价，我在信的背面列了几个简单的问题，并附上了回邮信封。如您能够作答并将信寄回，我将感激不尽。

当然，我无意强迫您回信，只是希望根据您的经验与建议来决定这本目录有无再版的必要。

无论如何，我都十分感谢您的配合！

最真诚的

肯恩·戴克

这里还要提醒大家一下，以往的经验告诉我，有的人会机械地照搬这一心理策略，他们并不是用真诚的赞赏来让他人觉得受到了重视，而阿谀奉承不会产生任何效果。

请记住，我们可以不惜一切代价来获得赞赏和认可，但是没有人想要虚伪的奉承。

我再重复一遍：只有当你对他人真心实意时，书中所讲的原则才会发挥它们应有的功用。我并不是在推销一口袋戏法，我是在讲述一种新的生活方式。

第六章

幸福婚姻的 7 个魔法

HOW TO
WIN FRIENDS
AND INFLUENCE PEOPLE

切勿喋喋不休

法国国王拿破仑三世与世界上最美丽的女伯爵玛丽·欧根妮·伊格纳茨坠入爱河，最终喜结连理。她是那么优雅、年轻、有魅力，她的美丽使拿破仑三世无比幸福。在他的一次演讲中，他毫不畏惧地对全国民众宣称："与其娶一位素昧平生的女子，倒不如与我敬爱的女子相守一生。"

拿破仑三世和妻子家财万贯、声名显赫、琴瑟和谐——一桩完美婚姻所需要的条件，他们都具备了。从没有一桩婚事像他们的结合这样闪耀着如此炽热的圣火。

但好景不长，这团熊熊燃烧的圣火也慢慢冷却，化为灰烬。拿破仑三世可以使欧根妮坐上皇后的宝座，但美丽的法国大地也没能阻止这位皇后无休止的唠叨，就连拿破仑三世深厚的爱意与皇帝至高无上的权力都未能奏效。被嫉妒、疑惧、困扰折磨的欧根妮不断侮慢拿破仑三世的命令，甚至不许他有任何秘密。她会在拿破仑三世处理国家大事时闯进他的办公室，打断他与大臣们的重要会议。她不允许他独处，总怕他会跟其他女人相好。

她经常到她姐姐那里抱怨她的丈夫，怨声载道、喋喋不休，甚至语带威胁。她闯进他的书房，暴跳如雷、恶言相向。而拿破仑三世空有几十间华丽宫殿，身为一国元首，却连一个可以让他安静一会儿的壁橱都找不到。

而欧根妮这样的吵闹最终换来了什么呢？答案就在接下来的这段话中。莱茵·哈特的名著《拿破仑与欧根妮：一幕帝国的悲喜剧》中写道："之后，拿破仑三世时常在晚间从宫殿的一扇小门潜出，用软帽遮住眼睛，由一个亲信侍从陪他去和另一个美丽女人幽会。他也会在巴黎城内漫游，体验作为一个帝王在皇宫内很难看到的民间生活，感受一下民间的气息。"

这就是欧根妮的吵闹换来的结果。的确，她坐上了法国皇后的宝座，她的美貌倾国倾城，但皇后之尊和倾城之貌都无法让她的爱情在喋喋不休的吵闹中仍旧保持鲜活。欧根妮也曾放声哭诉："我最害怕的事情终于降临在我身上了！"事实上，这种后果完全是她自己造成的。这是个可怜的女人，她的嫉妒和唠叨导致了这样的后果。在种种毁灭爱情的魔咒中，吵闹是最可怕的一种。吵闹对爱情的破坏从未失手过，就像人一旦被眼镜蛇咬到，绝无生还的可能。

大文豪托尔斯泰的妻子就发现了这一点，不过为时已晚。在弥留之际，她对自己的女儿们说："你们父亲的去世是我的过错。"女儿们没有回答，她们抱头痛哭。她们知道母亲说的是实情。的确是母亲不停地抱怨、批评和喋喋不休葬送了父亲的性命。托尔斯泰称得上是有史以来最杰出的小说家，他的两部杰作《战争与和平》和《安娜·卡列尼娜》将永远在世界文学史上闪耀光辉。

列夫·托尔斯泰的生活是个悲剧，其源头就是婚姻。他的妻子喜好奢华，但他却鄙视虚荣；他的妻子渴望声名显赫、得到社会上的赞誉，但托尔斯泰对这些无聊的名利不屑一顾；他的妻子希望家财万贯，但托尔斯泰却认为财富和私人财产是罪恶的。就这样经过了好多年，她吵闹、谩骂、哭闹，就是因为托尔斯泰坚持放弃他所有作品的版权，不收取任何形式的版税。可是，她却想要这些书所能带来的收益。当托尔斯泰拒绝她的要求时，她就歇斯底里地叫骂，躺在地板上打滚儿，拿着一瓶鸦片膏要吞下去，还威胁丈夫说要跳井自杀。

虽然他们刚结婚的时候过得非常幸福，但现在48年过去了，托尔斯泰却连看妻子一眼都忍受不了。一天夜里，这位人老珠黄、伤心欲绝却依旧渴望爱情的妻子跪在丈夫面前，央求他再为她诵读50年前他为她写的那些美丽的爱情诗篇。当他读到那些业已逝去的美好快乐的旧时光时，两人都泪流满面。现在的生活与之前梦想中的生活相比真是天壤之别啊。

托尔斯泰82岁的时候，终于再也忍受不了家庭痛苦的折磨了。1910年10月的一个晚上，他离开妻子逃出家门，逃向冰冷与黑暗之中，不知道该何去何从。

11天之后，他因肺炎死在一个火车站。临死时他唯一的要求竟然是不允许妻子出席葬礼——这就是列夫·托尔斯泰的妻子常年唠叨、抱怨和歇斯底里所付出的代价。

读者可能觉得她的抱怨也有道理。我们承认这点，但这并不在我们的讨论范围之内。问题是：这样的喋喋不休是帮助她改善了婚姻状况还是把事情变得更糟？“我真觉得我是疯了”，托尔斯泰夫人后来这样评价自己，但悔之晚矣。

亚伯拉罕·林肯一生中最大的悲剧也是他的婚姻，请注意，他最大的悲剧不是被刺，而是他的婚姻。当布斯开枪的时候，林肯都没意识到他已经受伤了。23年来，正如他的律师合伙人赫恩登描述的那样，他每天都品尝着“不幸婚姻的苦果”。林肯太太整天喋喋不休，令他身心俱疲，这样的生活持续了将近1/4个世纪。

她总是抱怨，总是批评她的丈夫。在她眼里，林肯做的事情没有一件是对的。她说他弯腰驼背，说他走路的姿势很奇怪，说他抬腿僵硬像个印度人。她抱怨他的步伐没有一点活力，一点都不优雅，甚至学他走路的样子嘲笑他。

她不爱看他的两只大耳朵，说他的两只耳朵都和头成直角了。她甚至告诉林肯他的鼻梁不挺，下嘴唇突出，手脚这么小，头又太大，看起来简直像个痨病鬼。

亚伯拉罕 · 林肯和玛丽 · 托德 · 林肯在各个方面都截然不同。无论是在受教育水平、家庭背景、脾气秉性、个人品位还是思想境界上，他们都有很大差异，因此他们之间总是剑拔弩张。

埃尔伯特 · 贝弗里奇是当时研究林肯传记最著名的权威专家。他曾写道："林肯夫人的声音尖锐刺耳，隔着一条街都能听到。附近的邻居总能听到她无休止的怒吼。更多情况下，她的怒气不是通过言语而是通过其他方式表达出来的，她总能找到发火的理由，还总是振振有词。"

举个例子。在林肯先生和太太婚后不久，他们与雅各布 · 欧丽太太住在一起。欧丽太太来自斯普林菲尔德，在她做医生的丈夫过世之后，寡居在家的她不得不招几个租客以维持生计。

一天早上，林肯先生和太太一起吃早餐。林肯不知因为什么惹怒了他的妻子，当着所有租客的面，暴怒的林肯太太把一杯滚烫的咖啡泼在了丈夫的脸上。林肯先生一句话都没说，只是忍气吞声地坐在那里，还是欧丽太太拿着湿毛巾擦去了他脸上和衣服上的污渍。

只要读几段她在公众面前做出的那些令人尴尬不堪的事就能知道，林肯太太的嫉妒简直是太愚蠢、太不可理喻了。最后她终于精神失常了，她的这种个性也许是因为她的神经质造成的吧。

那么，她的喋喋不休和责备是否改变了林肯呢？在某种程度上，答案是肯定的。她的确改变了他对她的态度。正是由于有这样一位妻子，林肯对自己不幸的婚姻极度后悔，甚至尽量避免与她见面。他宁可独自一人在外也不愿回家面对林肯太太的喋喋不休和喜怒无常。

这就是喋喋不休和抱怨不止为林肯太太、欧根妮皇后和托尔斯泰夫人带来的结果——她们将自己视若珍宝的东西毁于一旦，生活最终变成了一场悲剧。

贝茜 · 汉博格在纽约的家庭关系法庭工作了 11 年，经手了数以千计的遗弃案件。她说妻子不停的唠叨是男人离家的主要原因之一。又或像《波士顿邮报》说的那样：“很多妻子一步一步地为婚姻自掘坟墓。”

所以，如果你想有幸福美满的婚姻生活，请牢记以下原则。

• 原则 1：

千万别喋喋不休。

别尝试改造对方

英国著名政治家、小说家迪斯雷利曾经说过：“我承认我一生中曾做过很多蠢事，但我绝不会因爱情而结婚。”而他结婚也的确不是因为爱情。直到 35 岁时他还保持单身，之后他向一个富有的寡妇求婚，这位女士比他大 15 岁，50 年的岁月已经让她的头发花白。他们之间有爱吗？没有，她知道他不爱她。她也知道他娶她只是为了她的钱！所以，她只对他提出了一点要求：她要他等上一年，以便她有机会了解他的个性。最终，她还是嫁给了他。

这段婚姻听起来乏味无聊，充满了铜臭味，不是吗？然而矛盾的是，迪斯雷利的婚姻却是人们交口称赞的美满姻缘之一。

迪斯雷利选择的这个富有的寡妇既不年轻，也不聪明漂亮，一点也不。她的谈话中总是有很多知识错误，引起人们的阵阵笑声。例如，她“从来搞不清是希腊人在先，还是罗马人在先”。她在穿衣上的品位稀奇古怪，对于室内装修也一窍不通。但她却是个天才，对婚姻中最重要的特质有着天生的悟性：掌控男人的艺术。

她从不试图与自己的丈夫斗智斗勇。每当迪斯雷利与那些聪明风趣的公爵夫人聊了整个下午，筋疲力尽地回到家时，玛丽 · 安妮总是放轻步子让他休息放松。对于他来说，家是个让他安逸休息的地方，是个能静静地享受玛丽 · 安妮爱意照拂的港湾。他与一位成熟、善解人意的妻子在家里一起度过的时光是他一生中最为幸福的日子。她是他的贤内助、红颜知己，也是他的挚友、顾问。每天晚上，他总是从众议院匆匆赶回家，给她讲述白天发生的事情。而这点很重要，无论他做什么，玛丽 · 安妮都相信他一定会成功。

30 年来，玛丽 · 安妮都为迪斯雷利而活，仅仅为他一人而活，甚至她珍视财富的原因都是因为这些财富能使丈夫的生活更安逸。作为回报，他也将她视作生命中唯一的女主角。

无论玛丽 · 安妮在公众面前表现得多么愚蠢，多么心不在焉，他从未批评过她。在她面前，他从未说过一句责备的话。如果任何人敢嘲笑她，他一定会为她辩护。玛丽 · 安妮并不完美，然而 30 年来她总是不知疲倦地谈论着她的丈夫，赞扬他，倾慕他。其结果如何？迪斯雷利曾说：“结婚 30 年来，我从未厌倦过她。”

同时，迪斯雷利毫不隐讳地表示，玛丽 · 安妮是他一生中最重要的人。玛丽 · 安妮也曾对她的朋友说：“多亏了他的善良，我的生活中才充满了幸福与甜蜜。”在他们俩之间有这样一个小笑话。迪斯雷利说：“你知道吗，我娶你就是为了你的钱。”而玛丽 · 安妮就会笑着说："我知道。但如果让你再选择一次，你一定会因为爱我而娶我的，对吗？"他承认的确是这样。的确，玛丽·安妮并不完美，但迪斯雷利的明智之处就在于让她做自己。

正如美国著名小说家和批评家亨利·詹姆斯写的那样："与人交往的过程中要学的第一件事就是，如果他人保持愉快心情的方式对我们并无影响，那么就不要对他的独特方式横加干预。"

这一点十分重要，让我再重复一遍："与人交往的过程中要学的第一件事就是，如果他人保持愉快心情的方式对我们并无影响，那么就不要对他的独特方式横加干预。"

或者像利兰·福斯特·伍德在《在家庭中一起成长》一书中所写的那样："成功的婚姻不仅是要找到那个合适的人，自己也要做那个合适的人。"

所以，如果你想让家庭生活美满幸福——

• 原则 2：

别尝试改造对方。

停止相互责备

在公众场合，迪斯雷利的劲敌就要数伟大的英国政治家格莱斯顿了。这两人就每个事关国运的议题都要辩上几轮，但他们有一个共同点，就是家庭生活都极其幸福。

威廉·格莱斯顿和妻子凯瑟琳共同生活了 59 年。在这近 60 年的时光里，他们都对彼此有无尽的付出。我很喜欢想象格莱斯顿——这位伟大的英国首相——握着妻子的手在炉边的地毯上跳舞，嘴里还唱着这首歌：

老夫妻，尽管贫穷衣衫褴褛，也牵着手走过生活的坎坷悲喜。

格莱斯顿尽管在公众面前是个厉害的角色，却从不开口责备家人。如果他清晨下楼准备吃早饭的时候，发现家人都在睡觉，他就会提高嗓音唱起圣歌来提醒其他人——全英国最忙的人正在楼下独自一人等着吃早餐呢。格莱斯顿有自己的外交手腕，但对家人却体贴入微，竭力避免在家里责备批评谁。

凯瑟琳大帝也是这样做的。凯瑟琳统治着世界上最大的帝国，在政治上她冷酷无情，肆意发动战争，将自己的对手送上断头台。然而，如果厨师烧煳了晚餐的肉，她什么都不会说，而是微笑着吃下去。她这种宽容的方式是每个丈夫都应学习效仿的。

多萝西·迪克斯是研究美国不幸婚姻的权威人士。她说，50%的婚姻都是失败的，这么多的浪漫美梦最终都会摔碎在现实这块礁石上，其原因就在于责备，无用且令人心碎的责备。

所以，如果你想让家庭生活幸福美满，请记住下面这条原则。

• 原则 3：

停止相互责备。

好好赞美爱人

洛杉矶家庭关系研究所所长保罗·波普诺曾经说过：“在寻找另

一半的过程中，男人们并不是在找一个有经验、有才干的女子，而是在寻找一位长得漂亮、能奉承他、满足他的虚荣心、让他有优越感的女性。”因此，当一位任职经理的未婚女性被男士邀去约会吃饭时，如果这位女经理很自然地搬出她在最高学府所学到的那些渊博学识来，晚餐过后还坚持要埋单，那么这场约会的结果就是她以后只能独自一人用餐了。

恰恰相反，如果是一位没进过高等学府的女打字员受到男伴邀请共进晚餐的话，她会热情地注视着她的男伴，带着一脸仰慕的神情说：“你再说些关于你自己的事吧。”其结果呢？这位男士会告诉别人说：“她虽然并不十分美丽，可是我从未遇到过比她更谈得来的人。”

男士们应该称赞女人精致的妆容，夸赞她们漂亮的着装。只要稍稍留意就能发现女人有多么重视衣着——可他们似乎常常忘了要这么做。如果一对男女在街上遇到了另外一对男女，女士似乎很少注意到对面过来的男士，她们关注的总是对面那个女子是如何打扮自己的。

数年前，我祖母以 98 岁高龄去世。在她去世前不久，我们拿了她很久以前的一张相片给她看。那时她的眼睛已经看不清楚了，只问了一个问题：“当时我穿的是什么衣服？” 我们不妨想想，一个卧床不起的高龄老妇，她的记忆力已随着岁月的流逝慢慢减退，记忆里的东西已所剩无几，甚至已无法辨认出自己儿女的模样，可她还是想知道拍这张相片时她穿的是什么衣服。老祖母问那个问题时我就在她床边，当时的场景在我的脑海中留下了十分深刻的印象。

当你们看到这几行字时，男士们，你或许不会记得 5 年前你穿的是什么样的外套，哪一件衬衫，男人们对这些丝毫不感兴趣。可是，对女人来讲可就不一样了，男人们一定要谨记这一点。法国上层社会的男孩子都受过相应训练，他们懂得如何对同行女士的服饰和帽子表达赞赏，一晚上会称赞好几次。这些法国男士的做法一定不会错。

我曾经节录一个故事，我相信在现实中这样的事是不可能发生的，然而其中却蕴含着一个真理，所以我要把这故事再叙述一遍。

> 一位农妇在结束了一天的辛苦劳作之后，将一堆干草摆在了自家男人的饭桌上。男人气愤地质问她："你是不是疯了？"她回答道："我怎么知道你会介意？20 年来我天天为你煮饭做菜，你倒是让我知道你嚼的不是干草啊。"

沙皇时代的莫斯科和圣彼得堡那些养尊处优的贵族都很注重礼貌，礼节似乎已成为那些贵族的一种习惯。每当他们吃过一桌可口的饭菜后，一定要请主人把主厨从后厨叫到餐厅来，当面给予他们赞美之词。

为什么不在你太太身上试一试这个方法呢？当她把一盘鸡烧得美味可口时，你就告诉她这盘菜烧得特别好，非常可口！让她知道你懂得欣赏，你每天并不是在吃草。就像美国著名演员和企业家德克萨斯 · 奎因曾经说过的那样："好好地捧一捧这位小女人吧。"

在你这样做的时候，别怕让你太太知道她在你的幸福生活里有多么重要。迪斯雷利是英国有史以来最杰出的政治家，然而我们看到他并不耻于让全世界知道"我在很多地方都得到了我太太的帮助"。

有一天在我翻看杂志时看到了这样一篇文章。这是对喜剧演员艾迪 · 康托尔进行的一次采访。

艾迪 · 康托尔说："在这个世上，我欠妻子的最多。少年时期她与我青梅竹马，是她引领我勇往直前。婚后她省下每一分钱，不断投资，才替我积累了一笔财富。我们有 5 个可爱的孩子，她也总是把家打理得温馨幸福。如果说我还算小有成就的话，那都要归功于她。"

现实婚姻就是一场冒险，甚至连伦敦著名保险公司劳合社都不愿搅和进这场豪赌。世上最美满的姻缘之一要数华纳 · 巴克斯特夫妇的姻缘了。巴克斯特夫人结婚之后，放弃了自己如日中天的演艺事业。然而，她的牺牲并未对婚后的幸福生活产生丝毫影响。华纳·巴克斯特曾经说过：“她虽然失去了舞台上无尽的掌声和赞美，但我在她身边，我会让她时时刻刻感受到我对她的赞美。如果一个做妻子的想在丈夫身上找到自己全部的幸福，那丈夫就要时刻赞美她，为她付出全部。如果这种赞美与付出是发自内心的，他也就找到了自己的幸福。”

因此，如果你想让自己的家庭生活幸福美满，请记住下面这条最重要的原则。

• 原则 4：

好好赞美爱人。

细节决定成败

自古以来，鲜花就是爱情的代名词。鲜花花费无几，特别是在应季的时候，它们总是在街角打折销售。然而，因为丈夫买一束水仙花拿回家的情形实在是屈指可数，所以这水仙就像稀有的兰花一样可遇而不可求，好比长在阿尔卑斯山顶峭壁上的雪绒花一样珍贵。

为什么非要等你太太病倒住院才肯送束花给她？为什么不在明天晚上给她买束玫瑰呢？试试这个点子吧，然后看看效果如何。

乔治·柯汉每天都忙得焦头烂额，但他每天都给母亲打两个电话，直到母亲去世为止。难道他每次打电话的时候都有什么重要消息告诉她老人家吗？不，不是这样的。对细微之处加以关注的意义就在于：告诉你所爱的人，你时时刻刻想着她，你想让她开心快乐，她是否幸福美满对你来讲至关重要。

女人对生日和纪念日一类的细节非常重视。为什么呢？这永远都是女性的一个谜。一般的男人一个纪念日都记不住也能过一辈子，但有几个日子一定要记住：1492 年（哥伦布发现美洲大陆）、1776 年（美国独立日）、妻子的生日和结婚纪念日。如果真的记不住，前两个日子可以忘记，后两个绝对不可以忘记！

芝加哥的法官约瑟夫 · 赛巴斯受理过 40 000 起夫妻纷争的案子，调解过 2 000 对夫妻矛盾。他说："鸡毛蒜皮的琐事正是婚姻不幸福的根源。其实，像早上上班时妻子对丈夫挥手告别这样简单的事情就能挽救很多失败的婚姻。"

罗伯特 · 勃朗宁与太太伊丽莎白 · 巴雷特 · 勃朗宁可称得上是有史以来最幸福的一对佳偶。他们从不让自己忙到连小小关心一下对方、送点小礼物的时间都没有，而正是这些小事、小礼物和小关心让他们的爱情常葆青春。勃朗宁对自己残疾妻子的关心无微不至，勃朗宁夫人曾经给自己的姊妹写信说："现在我开始怀疑我真的是个天使。"

很多男人都忽略了这些细小的日常关注的价值。就像盖纳 · 马德克斯在《画报》中所写的那样："美国的家庭真的需要培养些新的特点了。比如说在床上吃早餐就是很多女人都十分喜欢的方式。对女人来说，在床上吃早餐带来的乐趣与男人眼中私人俱乐部所带来的乐趣不相上下。"

这就是婚姻的实质——柴米油盐、鸡毛蒜皮。对那些忽视了这一点的夫妇来说，他们的婚姻就会是一场灾难。文森特 · 米莱简洁地总结了一下："失去爱并不会让我每天都痛苦，但细微之处却存在着无数伤痕。"

这句话值得记下来。里诺是美国处理离婚案件最方便、最简单的地方——其法院每星期开庭6次，平均每10分钟判决一桩离婚案件。在这么多起离婚案件中又有多少是夫妻双方真正撞上了悲剧的暗礁而导致婚姻破裂的呢？我敢说这样的情况很少。如果你有这份闲心天天坐在法院里听那些怨偶们提出的离婚理由，就会知道爱情是“在细微之处存在着无数伤痕”的。

现在就拿出剪刀把这句名言剪下来，把它贴在镜子上吧，这样你每天刮胡子时就可以看到它了：

“时光不会倒流。因此，若我能为任何人谋得任何福利，都应立时实行，不推脱也不漠视，因为这一刻过去了就不会再重来。”

所以，如果你想让自己的家庭生活幸福美满，请记住以下原则。

• 原则5：

细节决定成败。

尊重对方的感受

沃尔特·达姆罗施娶了詹姆斯·布莱恩的女儿。詹姆斯·布莱恩是美国最伟大的演说家，也曾参加过美国总统的竞选。达姆罗施夫妇婚后也过着无比幸福的生活。

那么，他们相处融洽的秘诀是什么呢？

达姆罗施夫人曾这样说过：“在婚姻中，选择一个好伴侣固然重要，但夫妻双方相敬如宾也必不可少。婚后也要注意日常生活的礼貌，年轻的妻子不妨就像对待一位客人一样温婉有礼地对待自己的丈夫。如果自己的妻子是个骂街的泼妇，任何男人都会逃之夭夭的。”

粗鲁是毁灭爱情的毒药。每个人都知道这一点，然而我们总是对陌生人礼遇有加，对家人则粗声粗气。我们绝不会打断陌生人的话，说：“天呐，你又要讲这些陈芝麻烂谷子的事！”我们也不会未经允许就拆开朋友的信件或是探听他人的隐私。仅仅对于家庭成员，我们身边最亲近的人，我们才会取笑他们犯的小错误。

多萝西 · 迪克斯还说过：“令人吃惊的是，对我们说出那些刻薄、侮辱、伤感情的话的人差不多都是我们的家人，而这的确是事实。”

亨利 · 克雷 · 瑞斯诺说：“礼貌是一种特质，它可以让人忽略破旧的院门而专心注意到园内的花朵。”婚后的幸福生活离不开礼貌，就像汽车离不开汽油一样。

美国著名法学家、最高法院大法官奥利弗 · 温德尔 · 霍姆斯被称为“亲爱的早餐桌独裁者”，但他在家里可一点都不独裁。实际上他对家人关怀入微，甚至在悲伤失望的时候，也会在家人面前尽力掩藏自己的悲伤。对他来讲，自己承受这些伤痛已经十分不幸了，如果再让这些情绪影响到家人的生活，那就更不应该了。

这就是奥利弗 · 温德尔 · 霍姆斯的做法。普通人是怎么做的呢？每当在办公室有什么不如意，丢了笔生意或是被老板揪到了什么错处，他都气得不行，恨不得赶紧赶回家把这一天受的气都撒在家人身上。

在荷兰，人们总会在踏入家门之前把鞋子放在外面。从荷兰人的举动中我们也许可以学到，要在回家之前把白天工作中的不愉快都留在外面。

威廉 · 詹姆斯写过一篇《人类的某种无知》，这篇文章的确值得一读。文中写道：“这篇文章中所讨论的人类无知，是在我们面对其他与我们自身不同的生物时所表现出来的痛苦与困惑。”

“无知即为痛苦与困惑”。许多人都不会对自己的客户冷嘲热讽，对工作伙伴也不会这样，但他们却会毫不考虑地对太太发威。然而对他们的自身幸福来讲，婚姻却远比工作重要得多。

拥有美好婚姻的普通人远比孑然一身的天才要幸福得多。伟大的俄国小说家屠格涅夫在全世界享有盛誉，但他却说：“假如在某个地方有一位女士能关心我是否可以早点回家吃饭，我愿意为此放弃我所有的天赋，抛弃我所有的著作。”

那么，婚姻幸福的概率到底有多大呢？正如我们之前提到的那样，多萝西·迪克斯认为50%的婚姻都是失败的，但保罗·波普诺博士的观点却恰恰相反。他说：“一个人在婚姻上获得成功的概率要比他在任何事业上成功的概率都要高。从事零售业的人70%都失败了，但步入婚姻殿堂的男女有70%都能登上成功的顶峰。”

多萝西·迪克斯这样总结这个问题：“与婚姻相比，生死也不过是生命中的小插曲罢了。”

“女人始终无法理解为什么男人不能把建立家庭当作一项事业，让这个家庭美满幸福，蒸蒸日上。

“但是，尽管对于某些男人来讲，娶到一个满意的妻子、拥有一个幸福美满的家庭要比百万资产重要得多，但一百个男人中都不会有一个男人真正思考如何经营一桩成功的婚姻。他把生命中最重要的事情归结于运气，他是否成功就看老天爷帮不帮他了。女人从来不能理解，她们的丈夫本来可以表面上温和一些而不是用强势手段打发她们，但他们为什么总是不愿在她们身上多花点心思呢？

“每个男人都知道他能让太太心甘情愿地为他做任何事，也知道如果能小小地赞扬太太一番，说说她是怎么帮了自己一个大忙，她一定会把自己的每分钱都掏出来。男人也知道如果他告诉妻子她穿着去年的裙子也很可爱很漂亮，她绝不会去买今年巴黎时装的新款。男人还知道，如果他能在妻子眼睛上深情一吻，她就会幸福得昏厥过去；如果他在她的小嘴上浅啄一口，就能让她在瞬间缄口不语。

“而每个妻子都知道自己的丈夫知道这些事情，因为她已经告诉过他怎样才能够讨好自己。但她们又不知道自己是应该爱他还是该恨他，因为他宁愿和妻子大吵一架然后让自己的胃受好几天委屈，宁愿让妻子浪费自己的钱去买新衣服和珍珠项链，也不愿意花点时间奉承妻子几句，不愿按她想象的方式对待她。”

所以，如果你想让自己的家庭生活幸福美满，就要记住下面这条原则。

• 原则 6：

尊重对方的感受。

不做“婚盲”

社会卫生保障局的秘书长凯瑟琳 · 比门特 · 戴维斯博士曾邀请 1 000 名已婚女子坦白地回答一些私人问题，其结果令人震惊——美国成人性生活不和谐的比率非常高，令人难以置信。在对所得结果进行了详细考察之后，戴维斯博士毫不犹豫地发布了她的观点。她认为，在美国离婚的主要原因就是性生活不幸福。

汉密尔顿博士的调查也证实了这个发现。汉密尔顿博士花了 4 年研究了 100 对夫妇的婚姻状况。他分别问了这些男女大概 400 个问题，细致入微地探讨了他们婚姻中遇到的问题，这个探讨的过程太细致了，因此调查长达 4 年时间。这项调查在社会学上具有非常重大的意义，也得到了很多慈善家的资助。你可以在汉密尔顿博士和肯尼斯 · 麦高文所做的一项名为“婚姻出了什么问题”的实验中找到这次调查的结果。

那么大家的婚姻究竟出了什么问题呢？汉密尔顿博士说：“任何一个正直细心的精神病学家都会说，婚内很多摩擦都来源于性生活失调。无论如何，如果性生活得到满足的话，很多情况下其他问题导致的婚内摩擦都可以被夫妻双方忽略。”

洛杉矶家庭关系研究所所长保罗 · 波普诺博士调查过数以千计的夫妻的婚姻状况，他本人也是美国最权威的婚姻生活专家之一。波普诺博士表示，婚姻失败通常由 4 个原因导致。他把原因按顺序排列如下：

- 性生活不协调。
- 打发休闲时光的方式方法不同。
- 经济问题。
- 精神、身体或是情感上的不正常。

大家是否注意到了，在这些原因中，性排在第一位，奇怪的是经济问题才排在第三位。

所有研究离婚案件的专家都同意性在婚姻生活中是十分必要的。例如，辛辛那提家庭关系法庭的霍夫曼法官见过数以千计的家庭悲剧，他曾说过：“所有离婚案件中，10 件中有 9 件是由于性生活出现了问题。”

著名心理学家约翰 · 沃森说：“性生活是人生最重要的组成部分，也是导致男女双方幸福生活破裂的最重要原因。”在 20 世纪，人们有这么多书籍可供参考，接受过这么多的教育，但婚姻幸福却因为忽视了人类最原始的本性而破裂瓦解，这难道不让人觉得遗憾吗？

奥利夫·巴特菲尔德做了 18 年的卫理公会牧师后突然放弃了这项工作，转而去纽约做家庭辅导服务。和许多年轻人一样，他也结婚了。他说："在我早年间做牧师的时候，我发现尽管夫妻之间有那么多罗曼史，双方那么深爱彼此，但走进婚姻殿堂的男女有很多都是婚盲。"

他接着说："我们总是把婚后适应这个难度很大的问题交给机会去解决，但我们的离婚率竟达到 16%。很多夫妇并不是真正结婚了，只是尚未离婚而已，他们的结合就是种罪孽。"

他还说："幸福的婚姻根本不是机会的产物。它需要夫妻双方付出智慧与努力，用心地经营。"

为了帮助人们经营自己的婚姻，巴特菲尔德博士这些年来一直坚持认为，由他主婚的夫妇都应该对他开诚布公地讲述未来的规划。而正是这样的讨论让他得出这样一个结论：很多看起来如胶似漆的夫妇，其实都是"婚盲"。

巴特菲尔德博士说："性生活不过是婚姻生活中需要被满足的事情之一，但除非夫妇二人的性生活很和谐，否则其他一切都免谈。"

但怎么才能让性生活和谐呢？我仍旧引用巴特菲尔德博士的话："吵架时，伤感的沉默无济于事，客观的讨论、冷静的态度和婚姻生活中的实践才能解决问题。要获得这种能力，最有效的办法就是从一本内容精确、旨趣高尚的书中学习。除了我自己所著的那本《婚姻和性和谐》外，我身边也常备有这样的几本书。

"在所有这方面的书籍中，我觉得有本最适合大众读者阅读：伊莎贝尔·赫顿的《婚姻性爱技巧》（*The Sex Technique in Marriage*）、马克思·埃克斯纳的《婚姻性生活》（*The Sexual Side of Marriage*）和海伦娜·赖特的《婚姻中的性因素》（*The Sex Factor in Marriage*）。"

所以，使婚姻生活美满幸福的另一个秘诀就是以下原则。

• 原则 7：

不做“婚盲”。

从书中学习性爱技巧？为什么不呢？几年前哥伦比亚大学与美国社会卫生协会联合邀请了知名教育家波普诺教授，一起讨论大学生性生活对婚姻的影响。在会上，波普诺教授说：“离婚率正在逐年下降，其原因就是现在人们更多地阅读有关性与婚姻的书籍。”

因此，我真心地觉得如果我不为大家推荐一个书单，教会大家用科学的方法解决悲剧问题的话，我就没有权利结束本章的内容。

- 《生活的性方面》（*The Sex Side of Life*）
- 《婚姻性生活》（*The Sexual Side of Marriage*）
- 《准备结婚》（*Preparation for Marriage*）
- 《婚姻中的爱情》（*Married Love*）
- 《婚姻中的性爱》（*Sex in Marriage*）
- 《为婚姻做准备》（*Preparation for Marriage*）
- 《已婚女性》（*The Married Woman*）

幸福婚姻问卷调查

1933 年 6 月，《美国杂志》刊登了埃米顿 · 克罗齐的文章《婚姻为何变质》。我在这里摘录了文章中的问卷调查，这些问题都值得我们仔细作答。每道题的满分是 10 分，看看你能得多少分。

致丈夫：

1. 你是否还会向妻子“献殷勤”，趁她不备时送她一束鲜花，记得她的生日和你们的结婚纪念日，在不经意间给她一些惊喜？

2. 你是否会小心翼翼，不在众人面前指责她？

3. 你是否在家用之外给她一些零用钱，让她购买自己喜欢的东西？

4. 你是否尝试去理解女性变化多端的情绪，帮助她度过疲劳、紧张、易怒的时期？

5. 你是否有一半的娱乐时间是与妻子共同度过的？

6. 你是否能够克制住自己，不将妻子的厨艺和持家能力与你的母亲或邻居家的妻子相比较，以显示其不足？

7. 你是否关心她的精神生活，分享她的兴趣爱好，比如她会参加什么样的俱乐部，爱读什么样的书，以及对社会问题有何种见解？

8. 你是否能够大度地接受她与别的男士共舞，与别的男士友好往来？

9. 你是否不放过任何一个爱慕她、赞美她的机会？

10. 当她为你做了体贴入微的小事，比如缝扣子、补袜子、把你的衣服送去洗衣店时，你是否会表达谢意？

致妻子：

1. 你是否给予丈夫足够的自由来处理自己的事务，不批评他的同事，不干涉他选择谁当秘书？

2. 你是否将家装扮得美丽温馨，足够吸引人？

3. 你是否经常更换菜谱，让他猜不出今天要吃什么？

4. 你是否对丈夫的工作有一定了解，适时提出一些好的建议？

5. 当家用不足时，你是否能够勇敢、乐观地面对，而不是责怪他的无能，并且不将他与别的成功人士作比较？

6. 你是否努力与他的母亲和亲戚建立良好的关系？

7. 你是否根据丈夫的喜好来挑选服装的款式和颜色？

8. 当你们意见不合时，你是否会作出小小的让步？

9. 你是否会为了丈夫学习电脑游戏、体育运动，与他一同分享休闲时光？

10. 你是否关心每日新闻、阅读新书、培养新思想，从而了解丈夫的精神世界？

温馨小结　让家庭生活更幸福的 7 个魔法

- 原则 1：千万别喋喋不休。
- 原则 2：别尝试改造对方。
- 原则 3：停止相互责备。
- 原则 4：好好赞美爱人。
- 原则 5：细节决定成败。
- 原则 6：尊重对方的感受。
- 原则 7：不做“婚盲”。